安全教育知识读本

战胜洪水灾害

赵斌/编著

U0353799

中州古籍出版社

图书在版编目(CIP)数据

战胜洪水灾害 / 赵斌编著. —郑州 : 中州古籍出版社, 2013.12

(中小学生安全教育知识读本)

ISBN 978-7-5348-4548-2

Ⅰ. ①战… Ⅱ. ①赵… Ⅲ. ①洪水—水灾—自救互救—青年读物②洪水—水灾—自救互救—少年读物 Ⅳ. ①P426.616-49

中国版本图书馆 CIP 数据核字(2013)第 300917 号

出 版 社：中州古籍出版社
(地址：郑州市经五路 66 号 邮政编码：450002)
发行单位：新华书店
承印单位：北京柏玉景印刷制品有限公司
开 本：787mm×1092mm 1/16 印 张：10
字 数：125 千字
版 次：2014 年 6 月第 1 版
印 次：2014 年 6 月第 1 次印刷
定 价：19.80 元

本书如有印装质量问题，由承印厂负责调换

前　言

青少年是祖国的未来和希望，同时，他们也是社会中最易受到意外事故伤害的弱势群体。缺乏安全知识、缺少自我保护能力是青少年的显著特点，因此安全知识教育对于他们非常重要。通过安全知识教育，可以使广大青少年了解安全常识，树立安全意识，学会自我保护，提高应变能力，尽可能减少各种意外伤害事故的发生。

本丛书指出了中小学生在校园安全、交通安全、社会安全以及自然灾害防范等各方面存在的安全问题，介绍了这些安全问题的防范、处理方法以及人体伤害与急救常识。这有助于提高中小学生的自我保护意识，增强其自我保护能力。

本丛书结合生活中的小案例，以简单的文字向中小学生介绍了一些最基本的、最有效的自护自救常识，提供了预防以及应对各种危险的一般措施和方法，内容浅显易懂，针对性、教育性强。它不仅是中小学生的安全教育读物，也可供广大家长和教师参考。希望本书能够帮助广大中小学生树立安全意识，掌握必要的安全自救常识，养成良好的生活卫生习惯，帮助同学们健康成长。

目 录

第一章 探究洪水奥秘

第二章 引发洪水的自然气象

第三章　洪水带来的危害

第四章　洪水灾害的预防措施

第五章　洪水灾害中的应对措施

第六章　洪水后的应对措施

第七章　奇怪的降雨

第八章　大洪水与诺亚方舟

第九章　洪水灾害案例

第一章　探究洪水奥秘

洪水是什么?

一、洪水的概念

暴雨、急剧的融冰化雪、水库垮坝、风暴潮等,使江河、湖泊及海洋的水流增大或水面升高超过了一定限度,威胁着有关地区人民的生命财产安全或造成不同程度的灾害,这种自然现象,一般称为洪水。

定量描述洪水的指标有洪峰流量、洪峰水位、洪水过程线、洪水总量(洪量)、洪水频率(或重现期)等。洪峰流量是指洪水通过河川某断面的瞬时最大流量值,以每秒立方米(m^3/s)为单位;洪峰流量对应的最高水位,为洪峰水位,以米(m)为单位。以时间为横坐标,以江河的水位或流量为纵坐标,绘出的洪水从起涨至峰顶再回落到接近原来状态的整个过程曲线，被称为洪水过程线。一次洪水过程通过河川某断面的流量总和（水量），被称为该次洪水的洪量，常以亿立方米为单位。水文上也常以一次洪水过程中，通过一定时段的水量最大值来比较洪水的大小，如最大3天、7天、15天、30天、60天等相同时段的洪量。

二、洪水的主要等级

在江河堤防防洪和抢险工作中，一般把达到或接近警戒水位（流量）、水库入库洪峰流量重现期达到2年一遇及其以上时作为洪水发生的标准。

水利部门通常把10年一遇的洪水称为常遇洪水，10～50年一遇的洪水称为大洪水，大于50年一遇的洪水为特大洪水；把大江大河的干流及主要支流，小于20年一遇的洪水称为常遇洪水，20～100年一遇的洪水为大洪水，大于100年一遇的洪水为特大洪水。一般以洪水的洪峰流量（大江大河以洪水总量）的重现期作为洪水等级划分标准。

三、洪水的形成分类

洪水可分为河流洪水、湖泊洪水和风暴潮洪水等。其中河流洪水依照成因的不同，又可分为以下几种类型：

1. 暴雨洪水

这是最常见、威胁最大的洪水。它是由较大强度的降水形成的,简称雨洪。我国受暴雨洪水威胁的主要地区有73.8万平方千米,耕地面积有3300万余公顷,大多分布在长江、黄河、淮河、珠江、松花江、辽河等6大江河中下游和东南沿海地区。河流洪水的主要特点是峰高量大,持续时间长,灾害波及范围广。近代的几次著名水灾,如长江1931年和1954年大水、珠江1915年大水、海河1963年大水、淮河1975年大水等,都是这种类型的洪水。

2. 山洪

这是山区溪沟中发生的暴涨暴落的洪水。由于地面和河床坡降都较陡,降水后山区会较快形成急剧涨落的洪峰,所以山洪具有突发、水量集中、破坏力强等特点,但一般灾害波及范围较窄。这种洪水如形成固体径流,则被称做泥石流。

3. 融雪洪水

它主要发生在高纬度积雪地区或高山积雪地区。

4. 冰凌洪水

它主要发生在黄河、松花江等北方江河上。由于某些河段由低纬度流向高纬度,在气温上升、河流开冻时,低纬度的上游河段先行开冻,而高纬度的下游河段仍在封冻,上游河水和冰块堆积在下游河床,形成冰坝。这容易造成灾害。在河流封冻时也有可能产生冰凌洪水。

5. 溃坝洪水

这是指大坝或其他挡水建筑物发生瞬时溃决,水体突然涌出,造成下游地区灾害的洪水。这种溃坝洪水虽然范围不太大,但破坏力很强。此外,地震发生时,山区河流有时会因山体崩滑,堵塞河流而形成堰塞湖。一旦堰塞湖溃决,也会形成类似的洪水。这种堰塞湖溃决形成的地震次生水灾所造成的损失,往往比地震本身所造成的损失还要大。

涝灾可分为内涝和“关门淹”两类。内涝是指流域内发生超标准降水产生的径流,来不及排入河道而引起大面积积水而成灾;“关门淹”指外河水位居高不下,致使支流下游的湖泊、洼地无法自流、排出积水而成灾。另外,长期积水,使区域地下水位升高,也会造成区域涝渍灾害。内涝型洪水灾害在湖群分布广泛的地区更为明显。例如在太湖流域,区域经济高速发展,旧的农业生态失去平衡,新的平衡体系尚未建成,一旦出现大洪水,势必酿成大灾。1991年太湖洪涝灾害就是一例。太湖原有进出口108处,其中半数与长江相通,起着吐纳洪水的调节作用。滨湖平原渠网密布,每平方千米达3千米以上。但近年来,乡镇企业迅速增长,围湖修路,垫平沟渠营造厂房。整个太湖又修造了大堤,堵塞了泄洪水道近2/3。

例如苏州城外,建造了4.5米高、16千米长的防洪大堤;上海市花5亿元修建了防洪大堤。大洪灾时,水道排水不畅,区域积水无法排出。

蓄滞洪区也可以说是另一种形式的洪涝灾害类型。多年来防治洪水的实践经验表明：在遇超标准洪水时，要做到有效地减轻洪水灾害，必须在充分发挥防洪工程的作用下，配合运用分洪滞洪区。建设和用好蓄滞洪区是防御灾害性洪水的一项重要措施。但是蓄滞洪区并不能经常使用，只有在大洪水期间方能启用。因此，蓄滞洪区内的居民和产业也必然谋求发展。而区内居民越多，产业越发展，在蓄滞洪运用时的损失也越大。因此，加强蓄滞洪区的发展管理，是减轻灾害损失的重要方面。

以上所说主要是河流洪涝灾害。在滨海地区，热带气旋带来暴雨，并引发洪水，以及强风暴导致的风暴潮，会使海岸区遭灾。

热带气旋是一种发生在热带或副热带海洋上的气旋性涡旋。全球不同海域的热带气旋均按其中心附近最大风力大小分类而给予不同的名称。

强烈的热带气旋伴有狂风、暴雨、巨浪、风暴潮，活动范围很广，具有很强的破坏力，是一种主要的灾害天气系统。我国是世界上少数几个受热带气旋影响严重的国家之一。不仅北起辽宁，南至两广和海南的漫长沿海地区时常遭受热带气旋的袭击，而且大多数内陆省份也会受到它直接或间接的影响，以至酿成严重灾害。例如，1975 年第 3 号台风 8 月 3 日在台湾花莲登陆后，4 日晨再次登陆福建，途经江西、湖南、湖北、河南四省，最后在湖北省北部消失。受这次台风影响，河南省中南部地区出现了特大暴雨，2 ~ 3 天的总降水量达到常年年降水量的两倍。河南省泌阳县林庄 6 小时降水量最大达830毫米，创6小时降水量世界之最，这造成山洪爆发，水库垮坝，江河泛滥，人民生命财产受到惨重损失。据统计20世纪80年代每个登陆的热带风暴或台风造成的经济损失平均达5亿多元。不过在热带气旋活动季节，我国南方常有干旱发生，热带气旋深入内陆后带来的降水有助于解除旱情和增加水库蓄水。

四、洪水的主要特点

中国大约2/3的国土上存在着不同类型和不同危害程度的洪水灾害。西部地区主要存在由融冰融雪或局部地区暴雨形成的混合型洪水，它分布比较分散，影响范围比较小。北方地区冬季可能出现冰凌洪水南方地区可能出现暴雨洪水。暴雨洪水有明显的季节性。受地面气旋波和南支槽的影响，江南地区和浙闽沿海地区一些河流4月初即进入汛期；汉江、嘉陵江等河流，受华西秋雨影响，有些年份汛期结束可迟至10月上旬。7、8两月是全国发生洪水最集中的时期，洪水峰高量大。

中国的最大洪水与世界最大洪水接近。洪水量级最高的地区主要分布在辽东半岛、千山山脉、燕山、太行山、伏牛山、大别山等山脉的迎风山区。此外还有陕北高原、峨嵋山区、大巴山区以及武陵山区的澧水流域等局部地区。一次大洪水占年径流总量的比例很高，珠江长江流域干流，7天洪量占10%～20%，松花江占15%～20%，黄河占20%～25%，海河、辽河占25%～30%。气候越是干旱的地区径流集中程度越高，一般中等流域（指2级支流）年径流量集中在几次洪水。洪水年际变化极不稳定,流量的变幅很大。历史最大流量与年最大流量多年平均值之比,长江以南地区为2~3,淮河、黄河中游地区可以达到4~8,海河、滦河、辽河流域高达5~10。

洪水年际变化不稳定的特性,给江河治理、水利工程建设以及水资源的开发利用带来难度。珠江、钱塘江、嘉陵江等都有明显的双汛期;江南丘陵、珠江流域、浙闽沿海地区洪水年际变化比较稳定;黄河中游、海河、辽河流域洪水年际变化最不稳定。

特大洪水在空间和时间上的变化具有重复性和阶段性的特点。各大流域相类似的特大暴雨洪水重复出现的现象普遍存在,如1931年和1954年长江中下游与淮河流域的特大洪水,其气象成因与暴雨洪水的分布密切相关。黄河中游1843年与1933年洪水、黄河上游1904年与1981年洪水、松花江1932年与1957年洪水、长江上游1840年与1981年大洪水等,其暴雨洪水的特点类似。

大洪水的时序分布都有高频期和低频期,呈阶段性的交替变化。海河流域近500年中,流域性大洪水共发生28次,平均18年发生一次。在1501~1600年的100年中,大洪水发生3次,平均33年一次;1601~1670年的70年中大洪水发生了8次,平均9年一次;1671~1790年则处于一个低频期,长达120年中,大洪水只出现过2次,平均60年一次。19世纪后半叶,海河流域转入洪水高频期,50年中大洪水出现5次,平均10年出现一次。

大洪水的时序变化还有连续性特点,在高频期内大洪水往往连年出现。海河流域(1652~1654年)连续3年发生流域性大洪水，长江中下游1848、1849年，1882、1883年都是连续两年发生大洪水。

洪水的高频期和低频期以及高频期内大洪水连连出现这些特点，在其他流域也同样存在。

五、洪水的流量指标

洪峰流量和洪水总量是衡量洪水量级大小的主要指标。长江中下游防洪特点是：城陵矶以上长江干流河段防洪以洪峰流量控制为主；城陵矶以下河段由于有洞庭湖、鄱阳湖等通江湖泊的调节作用，防洪以洪量控制为主。

1998年长江上游洪水总量大，但洪峰流量小于1954年，宜昌洪峰流量相当于6~8年一遇。长江中下游主要水文站洪峰流量与1954年、1931年相比，1998年螺山、汉口、大通等站洪峰流量均小于1954年，汉口洪峰流量大于1931年。

1998年长江荆江河段以上洪峰流量小于1931年和1954年，洪量大于1931年和1954年；城陵矶以下的洪量大于1931年，小于1954年。从总体上看，1998年长江洪水是20世纪第二位的全流域型大洪水，仅次于1954年。据1877年以来宜昌水文站实测资料统计，长江宜昌曾出现大于每秒60000立方米的洪峰27次。据历史调查资料，1860年、1870年，宜昌洪峰流量分别达到每秒9.25万立方米、每秒10.5万立方米，远大于1998年和1954年。

什么引发了洪水？

在正常的情况下，水会在河道内流动，或储存在湖泊、土壤或海洋里。但流动的水量并非一成不变的。当水量突然增加时，就被称为“洪”。若河洪太大，而河道又未能容纳所有水时，洪水便会溢出河道，淹没附近地方，造成洪灾。而造成洪灾的原因主要有两种类型。

一、自然因素

1. 瞬间雨量或累积雨量超过河道的排放能力

一般来说，如果一地有持续的大雨，发生洪灾的可能性便会增加。受季风影响的国家气候变化很大。夏季时，潮湿的季风会为当地带来大量雨水。当大雨持续，而河道又未能容纳所有水时，洪水便会溢出河道，造成水灾。此外，暴风亦会造成沿海地区洪水泛滥。暴风把海水推向沿海地区，造成风暴大浪，沿海地区会因此而被水淹没。

2. 可用的滞洪区的容积减少

湖泊面积减少亦可以是洪灾发生的原因之一。湖泊可以说是一个缓冲区，若河水满溢，湖泊可以储存过多的河水，调节流量。因此，若湖泊的面积减少，它们调节功能也会随之下降。

3. 河道淤积，疏于疏浚

有些河流会运载大量沉积物。河流中的砂石到达下游时便会沉积，令河床变浅，河道淤积，容量因而减少。当遇上大雨时，洪水便会溢出河道，造成洪灾。

4. 天体的引力

由于天体引力引发的大潮、小潮，或是地震引发的海啸，引起海水倒灌，海水淹没低洼地区，或是顺着河道逆流。

5. 温室效应引起的全球暖化现象

特点是豪大雨发生频率增加或热带性低气压或台风带来的瞬间雨量变多。

二、人为因素

1. 滥垦滥伐

树木可以固定土壤，伐林会导致土壤的吸水能力减弱，加速土壤侵蚀。土地表面失去植被保护，大量砂石被雨水冲走，流入河道，造成淤积，这使发生洪灾的可能增加。除了伐林外，不良的耕作方式和在山坡上过量放牧,也会使土地失去植被的保护,加速斜坡土壤的侵蚀。

2. 与河争地

不断加高的堤防,使建筑物更接近河道,使河道的截面积更小,因此当瞬间雨量到达预估以上,水就无法排放。若超过抽水站的处理量,便会造成淹水的灾情。

(1)地层下陷,或豆腐渣工程的堤防。养殖渔业或其他因素超抽地下水,引发地层下陷。或是滥用生态工法或偷工减料,导致堤防的强度不如预期。

(2)高度都市化,地表大量为沥青(柏油路)或水泥所覆盖。高度都市化导致雨水无法经由渗透方式流入地底,因此增加排水沟与河川排放雨水的负担。

什么是暴雨洪水

暴雨洪水是指暴雨引起的江河水量迅速增加并伴随水位急剧上升的现象。它是洪水的一种。在中低纬度地带,洪水的发生多由暴雨引起。中国河流的主要洪水大都是暴雨洪水。暴雨洪水多发生在夏、秋季节,南方一些地区春季也可能发生。以地区划分,我国中东部地区以暴雨洪水为主,西北部地区多出现融雪洪水和雨雪混合洪水。1998 年长江大洪水和 1998 年嫩江、松花江特大洪水都是暴雨洪水。

一、暴雨洪水的类型

1. 雷暴雨洪水

也称骤发暴雨洪水。局部地区因强对流作用，挟带水汽的气流急速上升而产生雷暴雨。这种雷暴雨的特点通常是历时短、雨强大、雨区小，常在小流域上造成来势猛、涨落快、峰高量小的洪水。雷暴雨洪水往往能在小流域上造成严重灾害。

2. 台风暴雨洪水

它是指夏秋季在亚洲大陆东南侧沿海地带因台风产生暴雨而造成的洪水。由于台风能挟带大量水汽，台风暴雨洪水常峰高量大，能在稍大流域上造成洪水威胁；或者由于台风中心受天气形势影响而在一定地区上空打转，暴雨形成多峰形洪水。中国台风暴雨洪水常见于广东、福建、台湾、浙江、江西、江苏、山东和辽宁等地，有的年份也可深入到湖北、湖南和陕西南部等地。1975 年 8 月淮河上游发生的台风暴雨洪水，在约 762 平方千米的流域上产生的洪峰流量达 13000 米^3/秒。

与台风暴雨洪水相似的还有大陆低涡由于在移动过程中不断增强，形成暴雨而引起的洪水。中国大陆低涡有产生在四川盆地西部的西南低涡和产生在青海湖附近的西北低涡。1963 年 8 月海河流域发生的特大洪水就是受西南低涡的影响造成暴雨而引起的,在约1318平方千米的流域上,产生的洪峰流量达8360米^3/秒。

3. 锋面暴雨洪水

锋面暴雨洪水是指因冷暖气团交汇而产生的暴雨引起的洪水。锋面雨一般历时较长,雨强较小而降水总量大,它形成的洪水在中小流域上往往表现为峰低量大,但在大流域上则可能出现较大的洪峰与洪量。由于锋雨的持续时间久,覆盖范围大,往往形成组合型天气系统的暴雨洪水,造成较严重的洪水灾害。锋面暴雨洪水的特点因锋面雨的性质不同而异。一般,冷锋雨造成的洪水峰值较高,静止锋降水往往在较大范围内造成连续持久的降水天气而导致大流域上的大洪水。

二、我国的暴雨洪水的特点

1. 季节性明显,时空分布不均匀

随着副热带高压的北移、南撤过程,夏季我国雨带也南北移动,出现明显的季节性特点。一般年份,4月至6月上旬,雨带主要分布在华南地区。6月中旬至7月上旬是长江、淮河和太湖流域的梅雨期。7月中旬至8月,雨带从江淮北部移到华北和东北地区。9月,副热带高压南撤,随即雨带也相应南撤,部分年份也会造成洪水,如汉江等地的秋汛。我国大部分地区降水季节性明显。当台风登陆我国和深入内陆时，高强度的狂风暴雨，也可形成暴雨洪水。

据统计，4～10月全国大部分地区降水量占全年平均降水量的70%以上，6～8月降水量可占全年平均降水量的50%左右。所以说，我国暴雨洪水多发生在春夏秋季节。

2. 洪水峰高量大，干支流易发生遭遇性洪水

我国地形的特点：东南低、西北高，这有利于东南暖湿气流与西北冷空气交汇的加强；地面坡度大，植被条件差，造成汇流快，洪水量级大。与世界其他国家相比，在相同流域面积的河流上，我国暴雨洪水的洪峰流量量级接近最大记录。

我国几条主要河流面积较大，干支流洪水经常遭遇区间来水多，洪峰叠加，易形成峰高量大的暴雨洪水。

3. 洪水年际变化大

我国七大流域洪水年际变化很大，各年洪峰流量相差甚远，北方比南方更明显。如长江以南地区大水年的洪峰流量一般为小水年的2～3倍，而海河流域大水年和小水年的洪峰流量可相差几十倍甚至上百倍。

4. 大洪水的阶段性和重复性

根据大量的洪水调查研究，我国主要河流大洪水在时空上具有阶段性和重复性的特点。从时间上讲，一个流域出现大洪水的

时序分布虽然是不均匀的，但从较长时间观察看，在许多河流上，一个时期大洪水发生的频率较高，而另一时期频率较低，频发期和低发期呈阶段性的交替变化。另外，在高频期内大洪水往往连年出现，有连续性。

从空间上讲，我国暴雨洪水的发生与当地的天气和地形条件有密切关系，凡是近期出现大洪水的流域和区域，历史上也都发生过类似的大洪水，重复出现暴雨洪水的现象普遍存在。如 1998 年长江大洪水即类似于 1954 年长江大洪水。

洪水的预报

洪水预报是预测江河未来洪水要素及其特征值的一门应用技术科学，是根据洪水形成和运动的规律，利用过去和实时的水文气象资料，对未来一定时段内的洪水发展情况进行预测预报分析，是防洪抗灾决策的重要依据，是一项重要的防洪非工程措施。

一、国际洪水预报

1910 年奥地利林茨和维也纳的省水文局，首次安装水位自动遥测和洪水警报电话装置，发展了洪水预报方法。

1932 年 L. R. K. 谢尔曼提出单位过程线；1933 年，R. E. 霍顿建立下渗公式；1935 年 G. T. 麦卡锡等人提出马斯京根法原理，为根据降雨过程计算流量过程和河道洪水演进提供了方法，这些成果至今仍在洪水预报中广泛应用，且在不断地深化研究和改进。

第二次世界大战期间，美国 H. U. 斯韦尔德鲁普和 W. H. 蒙克提出了根据风的要素预报海浪要素的半经验半理论方法。

20 世纪 50 年代以来洪水预报技术提高很快。随着电子计算技术的发展，多学科的互相渗透和综合研究，不仅对水文现象的物理机制给予较充分的揭示，加强了经验性预报方法的理论基础，而且大大加速了信息的传递与处理，并使以往用人工无法实现的分析计算，能用电子计算机快速完成，同时还提出了一些新方法。

20 世纪 60 年代以后迅速发展的各种流域水文模型（包括中国的新安江模型、美国的萨克拉门托模型、日本的水箱模型等），日益得到广泛应用，并在不断研究改进和完善。

此外，欧美不少国家正在发展多种实时联机洪水预报系统。如美国国家气象局建立了全国的河流预报系统。它们的特点是：功能齐全，适应性强，自动化程度高，通用性好，运算速度快。

二、中国洪水预报

中国早在 1027 年就将水情分为 12 类。16 世纪 70 年代在黄河流域已有比较正常的报汛方式。当时在黄河设有驿站，由驿吏乘马飞速向下游逐站接力传报水情。同时，人们还发现“凡黄水消长必有先兆，如水先泡则方盛，泡先水则将衰”的规律。其大意是当黄河大量出现水泡时，表示水势正在盛涨；若水泡消失，表示水势趋于衰落。据此来预估黄河洪水的涨落趋势。

中国1949年以后，全面规划、布设了水文站网，制订了统一的报汛办法，加强了对洪水的监测工作，洪水预报业务技术得到迅速发展、提高。

1954年长江、淮河特大洪水，1958年黄河特大洪水和1963年8月海河特大洪水，1981年长江上游、1983年汉江上游特大洪水，都由于洪水预报准确及时，为正确做出防汛决策提供了科学依据。

与此同时，中国洪水预报技术在大量实践经验基础上，不论是理论或方法都有创新和发展，并在国际水文学术活动中广为交流。如对马斯京根法的物理概念及其使用条件进行了研究论证，发展了多河段连续演算的方法；对经验单位线的基本假定与客观实际情况不符所带来的问题，提出了有效的处理方法；结合中国的自然地理条件，提出了湿润地区的饱和产流模型和干旱地区的非饱和产流模型；提出了适合各种不同运用条件下中小型水库的简易预报方法；在成因分析的基础上进行中长期预报方法的研究等。

中国水利部水文水利调度中心初步形成了一个包括6个子系统的适合于不同流域、不同地区的预报系统，进一步提高了洪水预报的预见性和准确性。

为统一技术标准，严格工作程序，提高水文情报预报质量，水利部还组织编制了《水文情报预报规范》，于1985年正式颁发实施。

洪水发生的区域

洪水灾害是世界上最严重的自然灾害之一,洪水往往分布在人口稠密、农业垦殖度高、江河湖泊集中、降水充沛的地方,如北半球暖温带、亚热带。中国、孟加拉国是世界上洪水灾害发生最频繁的地区,美国、日本、印度和欧洲的洪水灾害也较严重。

我国洪水灾害的地域分布范围很广,除了人烟稀少的高寒山区和戈壁沙漠外,全国各地都存在不同程度的洪水灾害。受地面条件及气候等多种因素的影响,灾情的性质和特点在地区上有很大差别。一般来说,山地丘陵区洪灾,破坏力很大,但是受灾范围一般不大;平原地区洪灾,主要是由漫溢或堤防溃决所造成的,积涝时间长,灾区范围广。此外,东部地区灾害发生的频率大于西部地区,尤其是从辽东半岛、辽河中下游平原,并沿燕山、太行山、伏牛山、巫山至雪峰山等一系列山脉以东地区以及南岭以南西江中下游,这些地区处于我国主要江河中下游,受西风带、热带气旋等气象因素影响,常发生大面积洪涝灾害。我国位于欧亚大陆东部,太平洋西岸,西南距印度洋很近,地势西高东低,大部分地区处于中高纬地带。地理位置、地形因素及气候的影响,使我国大部分地区存在洪水灾害威胁。洪水灾害一年四季皆可发生。在冬季,北方地区冰凌洪水引发的灾害主要发生在黄河干流宁蒙以下河段以及松花江哈尔滨以下河段。在春季，华南地区主要发生前汛期暴雨引发的洪灾，西部地区则会出现融雪洪水造成的洪灾。夏秋季是一年之中发生洪灾最多的季节，并且洪灾范围广，历时长，灾情重，七大江河重大洪涝灾害均发生在这一时期。

第二章 引发洪水的自然气象

暴洪

暴洪,顾名思义,总是突然发生,难以预测的。正是由于这类水灾的突然性及其猛烈性,其危险性随之增加。我们可以解释这类水灾发生的原因,但是却难以预测它们。在利恩茅斯的暴洪事件中,连续的降水致使两条河流水势迅猛,水位快速升高,但最初没有迹象显示水将漫过河岸。不久,一场暴风雨来临,河流水量增加,破坏了原有的平衡状态,引起暴洪。暴洪的发生机制是容易理解的,但如何预测风暴引发的洪水是个难题。这类风暴通常是局域性的,持续时间只有几个小时。如果风暴带来的降水只是降在方圆1、2英里之内,那么雨水会流入海中或降在较大的排水盆地上,这样就不会发生暴洪。

2001年7月,美国西弗吉尼亚州南部也遭此厄运。大雨断断续续下了两个月,土地达到了饱和状态。这一地区及肯塔基州北部过去曾经发生过几次暴洪。7 月 8 日，一连串的风暴袭来，降水达 203 毫米。平时，归亚多特河在科林尼处是 152 毫米深，但暴风雨过后，河水涨至 6 米。在别处，河水也同样大大超出了警戒水位。河水使山路无法通行，警察封锁了马伦镇的入口。在那里，红泥覆盖了路面，涌进了房屋。一辆校车完全被淹没。一些简易房屋漂向下游。当大雨停止时，小镇吉姆堡店面只剩下沾满泥水的残迹了。西弗吉尼亚州共有约 3500 所房屋被大水或红泥毁坏。桥被大水冲垮了，路被泥土堵塞了。幸运的是，伤亡人数并不多。西弗吉尼亚州 1 人死亡，肯塔基州 3 人死亡。

暴洪一般发生在土地潮湿多水的地方。在土地干燥的地方，强降雨也可能引起水灾。雨水降落的速度比土壤吸水的速度快得多。所以，多余的雨水就会直接流入已干涸的沟渠中，汇入水流迅猛、流势汹涌的河流，然后流入地势较低的地区，而那里通常是人们聚居的地方。1996 年 9 月 2 日，在苏丹阿尔盖里镇内，历时两个小时的大暴雨引发水灾。铁路、桥梁及房屋被毁，15 人死亡，数千人无家可归。阿尔及利亚首都阿尔及尔年均降水量 762 毫米，特点是冬季比夏季降水量大，11 月份大约降水 127 毫米。然而，2001 年的 11 月却有所不同。自 10 月中旬以来，这一地区就已经开始限制用水。连续几周的干旱一直持续到 11 月。11 月 9 日这天终于下雨了。24 小时内，降水达到 127 毫米，及腰深的泥水漫布整个城市的街道。在巴贝尔奥德这个人口稠密的工人聚居区内，房屋被损毁，多人被埋于碎砖瓦砾之下，还有一些人被困车中，最终被淹死。地面突然进水导致膨胀，一些建在已干涸的河床上的违章建筑倒塌。沙砾碎石被冲入下游，冲到市区。此次水灾中共有750多人死亡。在水灾之后的清理工作中，人们总共移走了将近201万立方米污泥。

剧烈的风暴带来短时间内强降雨，只要降水达到一定量，就可能引发水灾。达到了这种强度的降水称为“云下暴流”，即一种突发的非常强的阵雨。风暴来临之前，空气湿润。如果此时天空开始变晴朗，高层云就会逐渐将其遮住，这叫“砧状云”，它位于风暴云的顶部，由云的楔形凸出部分组成。通常“砧状云”出现时，天空呈多云或薄雾状，或阴暗下来。此刻，空气已聚集于风暴云的云底处，风会停止。这就是“风暴来临之前的平静”。不久，天空变得更加阴暗（在利恩茅斯，人们在正午时刻就不得不打开灯）。这是因为，此刻上方的云中结集着密集的水滴，在10.7千米的高空，遮住了太阳。然后，风再次吹起，天空变晴（尽管那时利恩茅斯已是傍晚时分）。此刻，云中已包含大量水滴。水滴随着下降气流自云中降下，同时产生了风。如果云达到了一定规模，降水的同时会伴有雷电。

雷与电

世界范围内，平均每秒钟要发生8次闪电。在美国，地面每年要遭遇3000万次雷电的袭击。多数雷暴发生在夏季。如果把雷暴的总数平均一下，那么相当于每秒钟一个闪电。

当闪电袭击地面时，可能造成严重后果。在美国，每年大约有100 人死于雷电袭击，雷电造成的财产损失达4000 万美元（根据保险索赔数额），破坏的木材价值5000 万美元。雷电之所以造成如此损失，是因为它会释放出巨大能量。

我们所看到的闪电火花是由电荷引起的。闪电的速度为每秒1016，承载3 万安培或更多的电流，内部温度达到2. 8 万℃。这比太阳表面温度高出5 倍。当闪电击中一棵树时，树可能会炸开。这是因为，闪电的袭击使树内水分立即蒸发，热力扩散开来，散布到树木及周围其他植物组织上面。所以，在雷暴期间最好不要站在树下。

多数人认为被雷电击中之后就活不成了。确实多数人被击后立刻死亡，但是也有些人幸存了下来。罗莱·沙利文就是幸存者之一。他是美国加利福尼亚州约塞米蒂谷国家公园的森林看护人。他好像与雷电结缘，一生共七次遭雷电袭击，但每次都能幸免于难。1969 年，他被雷电击中后，发现只是烧焦了眉毛。1972 年，他再次被击，结果头发着了火。1983 年，他寿终正寝，但这次与雷电无关。纽约州的一个农民驾驶拖拉机行驶时遇雷电袭击，没有当场死亡。不久之后，送他去医院的救护车也遭雷击后翻车。这个农民最终死于车祸引起的致命伤。英国警察也经常成为雷电的牺牲品。因为，他们总是戴着头盔，上面的金属尖头就像避雷针一样（各个地方警察头盔的设计是不一样的），有引雷电的作用。

大型积雨云产生暴风雨的同时，也常常会引起雷暴，尽管这二者并不一定同时发生。雷层云——一类灰色、形状固定的低云，经常带来稳定持续的降雪或降雨天气，也偶尔会生成电和雷。

一、闪电

叉状闪电是看起来明亮，在云与地之间或云与地面物体之间有很多参差不齐分叉线的闪电。片状闪电看起来像一般闪光的闪电，但没有确切的位置。后者持续0.2秒左右。它可能是云块内部分离的正负电荷之间的闪电，也可能是穿透两块云之间的叉状闪电。

雷暴来临时经常伴有大雨或大雪。但这也不是绝对的。有时，云层下的空气非常干燥，从云中降落的水分在到达地面之前就已经蒸发了。因此，也就没有雨或雪了。这种情况下发生的闪电叫做“干闪”。干闪会引起森林或灌木丛大火，因为当时地面上的植物都是比较干燥的。

热闪是无声的，也不会带来降水。它会点亮整片云，使云呈红色或橙色。引起这种闪电的风暴在比较远的地方，所以看不见降水，也听不见雷声。所有闪电都会释放白光，它由七色光组成。空气散射蓝色系的光，因此，当光在空气中传播一段较长的路程后，所有蓝光都被散射掉了，剩下红光和橙光。也正是由于这个原因日落时天空总是呈红色或橙色。

热闪是因为它能引起森林火灾而得名的，而冷闪却不会引起火灾。闪电是一连串的电荷发光放电的过程。在热闪中，被闪电携带的电流持续时间较长，足以使干燥的植物、物质点燃；而冷闪中,电流被阻断,所以冷闪可以使树片爆裂,却不会将其点燃。

二、雷

闪电发生的速度极快,它所携带的能量可以加热周围空气。回闪中心的温度是2.8万°C左右,足以加热周围空气。在如此强烈的受热下,空气迅速膨胀。事实上,闪电周围的空气已经爆炸了。

当空气膨胀时,它会压缩临近空气。这个过程产生了一系列压缩波。压缩波从膨胀中心向四面八方传播开来。我们的耳朵对这种波是很敏感的,这就是声音。雷声就是闪电引起的爆炸发出的声音。

我们听到的爆炸声是“砰”的巨响,这是雷的声音。但是,只有当引起雷声的风暴位于我们正上方时,我们才能听见“砰”声。如果风暴中心距离我们很远,我们听到的就是隆隆声,而不是“砰”的撞击声。

风暴与云下暴流

只有一种云会在短时间内输送大量的雨,引起暴洪。这种云叫做“积雨云”。积雨云很厚,它的云底也许距地面只有几百英尺,但最顶端离地面却会高达18.3千米,甚至更高。积雨云的最顶部叫做“雷暴云砧”。而正是这种云产生了雷暴。

当积雨云如巨人一般在天空移动时,天空会阴暗下来。此时路灯要打开,行人们会紧张地望向天空。事实上,积雨云中含有大量水,一些是液态的,还有一些是固态的。水和冰都有些透明,那积雨云为什么会这么阴暗呢?

要解开这个谜,你要想象自己是在外太空中,从上方观察风暴过程。积雨云体积大,有菜花状云顶,呈明亮、耀眼的白色。你可能在卫星拍摄的照片中见过类似的云,也可能坐在飞机里向下望见过云,但飞机下面的云一定不是积雨云,因为飞行员会小心躲避它。你见到的云之所以明亮,是因为它是由冰晶和水滴构成的,这两者能反射太阳光。但是,反射的太阳光无法穿过云层到达地面,所以云顶明亮而云底却阴暗。

另外,也有一些太阳光深入到云层内部,照射到云中的冰晶和水滴上,被冰晶和水滴反射。当光照射到四周的冰晶和水滴时,又被反射一次。光被反射的次数的多少取决于云中冰晶和水滴的密度。云层越密实,被冰晶、水滴散射到四面八方的光就越多,到达地面的光也就越少。

云层底部阴暗程度的大小意味着光要穿越的水量的多少。天文学家根据被云层拦截的阳光的数量来计算大气层或云层的垂直厚度。

一、风暴是怎样形成的

一般情况下，暖空气比冷空气稀薄。这就是说，体积相等的情况下，暖空气中的空气分子含量比冷空气中的少。由于暖空气中空气分子少，那它的质量就相对小些。换句话说，暖空气要比冷空气轻一些。因此，密度大一些的冷空气会下降，而质量轻的暖空气会受迫抬升。

当暖空气抬升时，它会逐渐缩小并冷却。上升的气块随着高度的升高而冷却的速度叫做直减率。当气块上升后，接下来会怎样变化，这要取决于它是否稳定。

如果上升的空气很稳定，它比周围的空气冷却速度快，就会变浓密，然后下降到它原来的位置。如果气块不稳定，它比周围空气冷却得慢。当气块抬升时，它的温度一直高于周围空气的温度，也因此比周围的空气稀薄。如果在到达对流和平流层之间的边界层——对流层顶时，空气仍处于不稳定状态，这叫“绝对不稳定”。空气也可能是“条件不稳定”的。就是说，空气在被迫上升到抬升凝结高度之前是稳定的。然后，水汽开始凝结，释放出的潜热使空气增暖并使其直减率下降。更多的水汽凝结，释放出更多潜热。因此，一旦空气被迫抬升后变得不稳定，它就会长久保持这种状态。

风暴积雨云只能在不稳定的空气中形成。云下方的地面或海面必须是温暖的，因此风暴常在午后发生，很少在上午发生。当不断增大的云层的云顶冷却时,其下面的空气就会上升。晚间也会形成风暴。

此外,风暴形成前,空气应该是潮湿的。在美国,墨西哥湾上空的暖湿气团向北飘移,移至陆地上的干气团之下。当暖湿气团遭遇自北而来的冷气团时,被迫抬升。暖湿气团之上的干气团也随之抬升。当暖湿气团变得极其不稳定,能够冲破干气团的覆盖时,巨大的风暴形成了。在美国,大多数风暴就是这样形成的。在冷暖气团交界处的冷锋,当楔形的冷气团移至暖湿气团之下时,也会产生暴风雨。

二、风暴云的形成

当上升的气团达到一定高度时,它的温度很低,相对湿度达到100%。此刻,水汽开始凝结成滴。此处就是云底。在云层里面,暖空气抬升,因此有更多的云底以下的空气上升来填充。如果上升的空气很潮湿,能够持续提供水汽,那么这个过程就会持续下去。水汽凝结过程中释放出的潜热加热周围空气,使周围空气升温。最上层的空气也就上升到更高的位置,云顶也随之增高了。

以上是风暴形成过程中的第一阶段,也叫“积云阶段”。云不断扩张,云内空气垂直上升。空气上升速度较快,每小时161千米,所以飞行员总是避开这样的云。到目前这一阶段为止,云中还没有出现降水。

当上层暖空气上升到一定高度时,它的密度就与上面的空气密度一致了，这时暖空气就无法再上升了。这个高度为云的最大可见高度，叫做云顶。在风暴云中，上升气流非常强劲，当云顶达到一定高度时，水汽直接变成冰，形成微小的结晶粒。在云的最后消散阶段，空气上升运动几乎停止，高空风将部分结晶粒从云顶吹开，形成砧状云。砧状云常见于巨大积雨云的云顶。

在冰晶缓慢下落过程中，有些会化为液状水滴。当冰晶降落到一个气温稍高的高度时，它们会融化。融化过程吸收潜热，使周围空气冷却下沉。水滴与空气之间的摩擦力拖动冷空气下降。云内空气下降后，又有外部冷空气进入云层，这个过程叫做"夹卷"，即发生在气团和周围空气之间的混合。此刻，云中既有上升气流，也有下降气流。下降的水滴就像窗玻璃上的水滴一样，彼此撞击混合。水滴不断增大，但只有最大、最重的水滴会从云中一路降下，穿过云底，形成雨降落下来。

如果云中温度在冰点以下，冰晶会维持固体形状。更多的冰沉积在冰晶上，形成雪片。当雪片达到一定重量，上升气流无法支撑它们时，它们便从云中降下，形成雪。其他较轻的雨滴和雪片被上升气流支撑着，上升至云顶。下降气流以强烈的冷风形式突然席卷地面，吹向四面八方。最后，上升气流与下降气流相遇，下降气流力量超过上升气流，因此将它压下。这样，云就再也无法增大，也无法维持现状。一般来说，雨下了一段时间以后，云会慢慢消散，直至最终消失。积雨云存在的时间一般不会超过一个小时。但是，如果空气中存在着生成积雨云的必备条件，那么，就会有另一积雨云形成。

三、云下暴流

当上升气流停止运动，只剩下下降气流时，积雨云失去发展机制并开始崩塌，此时云将去掉所有的水分，下起一种突发的非常强的阵雨，叫做“云下暴流”。如果云的体积很大，那么降水会持续一段时间。

大量的水会从云中释放下来。一块成了形的大规模积雨云中可能包含22.7万吨水分，甚至更多。如果这些水降在26平方千米以内的面积上，那么会达到每公顷90吨水，这相当于102毫米的降水量。单个云下暴流持续的时间并不长，但有时候，原来的云体扩散的同时又有新的云体生成，云下暴流会反复发生，降雨也就会持续下去。

一次风暴会带来多少降水呢？一般不超过51毫米。但如果降下的是雪，就得用这个数字乘以10。当然，就降水量的大小来说，也有例外的时候。1976年7月31日夜至8月1日凌晨，美国科罗拉多州的汤普森大峡谷6小时之内降水305毫米。峡谷内形成9米高的水墙，130人死亡。1942年7月18日宾夕法尼亚州的司麦斯鲍特地区，4个半小时内降水787毫米。云下暴流发生时的场面是很壮观的。1970年11月26日，西印度群岛的瓜德罗普岛1分钟之内降水38毫米。

海啸

1883 年 8 月 27 日上午 10 点多,37 米高的水墙从海面涌来,席卷了爪哇岛和苏门答腊岛沿岸地区。这两个岛屿组成了今天的印度尼西亚这个国家。水墙所到之处,摧毁城镇和村庄,吞没了 3.6 万多人。几千英里以外的夏威夷岛和南美洲同样遭到海浪袭击,只是海浪较小,没有造成损失。

这种海浪是人们最惧怕的。它比普通海浪大得多(虽然极少出现像 1883 年那样大规模的),并且袭击之前没有任何明显迹象,速度非常快。过去人们把它叫做“潮波”,因为它很像涨起的潮。但事实上,这种海浪同潮汐是无关的。也有人称它为“大海浪”,但是在海上,它是很小的。船员经过时,都注意不到它。所以这个名字也不合适。在日本,人们叫它“海啸”。这个名字比较贴切,现在也被广泛使用了。

海啸并不常见,但每年都发生几次。2001 年 6 月 23 日,海啸袭击了秘鲁南部海岸线,海啸掀起了 7—10 米高的海浪,有些地区海浪高达 15 米。海啸席卷了几个村庄,吞没了 2500 多人。

1998 年 5 月 26 日,日本本州北部发生海啸,大约 60 人死亡。1992 年 9 月 1 日,尼加拉瓜海岸又发生海啸,105 人死亡,489 人受伤。太平洋沿岸常常发生这种灾难,其他地方也没能幸免。1979 年 10 月 6 日,法国地中海沿岸 97 千米海岸线遭到两次海啸袭击,海啸掀起3米高的海浪。尼斯地区11人、昂蒂布地区1人被海浪卷走。

海啸通常是具有破坏力的,而且有时破坏力很强。1896年的一次海啸中,日本约2.5万人死亡。接下来,海啸又在美国的加利福尼亚州和夏威夷以及智利造成严重损失。20世纪最大的一次海啸是1946年4月发生在夏威夷的那次。它破坏了希洛市的海滨线,吞没了96人。

当然,也有些海啸规模较小,没有危险性。如果你在2001年1月4日这天到达太平洋上瓦努阿图的维拉港,你会目睹海啸的发生。因海啸规模小,海浪没有造成任何损失,只是引起了人们的好奇。

还有一场海啸,它于1996年9月5日发生在日本的八丈岛,浪高只有25厘米。在其他近海岛屿还发生过更小规模的海啸。25厘米的海浪不会给人们带来伤害,普通人甚至都注意不到它。但它终究还是海啸。很多海啸只有通过最敏感的仪器才可以侦测出。

一、海浪及其特点

海啸不是由潮汐引起的,但它们是海浪。把长绳子的一端系在一个支撑点上,用手拿起绳子的另一端上下拉动,这时在缸中洗澡的小孩子们很快便知道,水面骚动越大,随之产生的波浪也越大。在海上,海浪是由风引起的。风越大,海浪越大。风不断地吹向较大面积的水面时，会产生同风力成正比的波浪。和风风速每小时32千米，吹起的波浪高1.5米；大风风速每小时64千米，浪高7.6米。速度为每小时121千米的风，其强度已达到飓风级，它会生成15.24米高的波浪。真止的飓风会把海浪卷得更高。

浴缸太小，无法演示整个过程，但水中的骚动程度也会影响波传播的速度，这要用波的频率或周期来衡量。波的频率是指特定时间内，通常1秒钟内，通过某个固定点的波峰的数量。波的周期是指两个波峰经过同一点所经历的时间。此外，波的倾斜度也是一个重要参数。用波长除以波高就能得到倾斜度的值。事实上，它是水平方向的一个角，角的一边是水平线，另一边是从一个波的波谷向下一个波的波峰划出的直线。

二、波是怎样运动的

如果仔细观察，你会发现，石头扔进池塘后所产生的波是有区别的。某些波的周期长，某些波的周期短。如果池塘够大，你会看到速度慢的长周期波在速度快的短周期波前面移动。短周期波从水面骚动处开始移动，赶上并超过前面的波，到达最前线。在这个过程中，它们的周期延长，速度减慢。一组波作为一个整体的传播速度要比个体的短周期波慢一半。而在海上，波总是成上，最终只剩下长周期波隆起，它们可以传播很远的距离。据侦测，南极发生的风暴引起的海浪可以一直持续到阿拉斯加。

在池塘中，你还会注意到在每个波浪经过时漂浮在水面的叶子会起起落落。而且，它们会随波峰的到来而前进一点点，再随波谷后退一点点。因为水本身是在小圆圈内移动的，随波峰向前，随波谷退后。你可以把这种运动看做是水的“粒子”的运动。

波是由水面骚动引起的。在这个过程中，能量被转移到了水中。能量源释放之后，能量从一组水粒子转移到另一组。对于多数波来说，风是它们最初能量源，但对于海啸来说却不是这样。产生海啸的能量不在水面，而是来源于海底。

海啸是由海底地震、海底火山口喷发或巨量海底沉淀物突然自斜坡滑下引起的。2001 年秘鲁海啸就是由大地震引起的。震中位于沿海城镇欧科纳附近。地震的震级用里氏震级来表示，这是由美国地理学家兼物理学家查尔斯·弗朗西斯·里克特(1900～1985)划分的。这是一个对数级别，即地震中释放的能量是前一级别的10 倍。2001 年的秘鲁地震震级为里氏8.3～8.4，这可能是30年来世界上发生的最大级别的地震。1998 年发生在巴布亚新几内亚的地震为里氏 7.0，此次地震也引发海啸。

太平洋沿岸是世界上海啸最高发的地带。这是因为这一带地震及剧烈的火山喷发频繁发生。在澳大利亚境内的太平洋沿岸，内陆几英里之内及高于海平面30 米的地方，随处可以看见贝壳、珊瑚碎片及大块岩石，这些都证明了海啸曾经肆虐过，有的发生在1000 年前。澳大利亚经历的海啸中，海浪最高时达到了 30 米。

三、冲击波

在关于二战中海上战斗的影片里面，总会有一些海上战舰与潜水艇之间的冲突场面。海上战舰经常使用深水炸弹。人们将炸弹扔下去后，它会在水下深处爆炸。仔细观察深水炸弹爆炸时的水面状况，可以看到，水本身看起来并未移动，水面也没有大浪，只是震颤物如同水面漂浮的白粉一样清晰可见，而且移动速度极快。事实上，这种震颤是由一系列的小型波浪形成的。不久，水面会涌出一些水喷到空气中。这种震颤物就是冲击波，它是由爆炸引起的。它类似于引起海啸的冲击波，只不过要弱得多。海啸中的波与普通波是有很大区别的。

冲击波以较快的速度穿越洋面。典型的海啸冲击波的速度是每小时724千米，也有一些达到了每小时950千米。它形成于海底，所以会影响到海洋中所有水，而不仅仅是上层水。在风力驱动下形成的海浪可以在水下152千米处测出（这个距离相当于水面波长的一半），但是在152米以下，水没有什么动静。然而，在海啸中，无论是在海面还是在海底，也无论海洋有多深，整个海洋都会发生震颤。

海啸冲击波较长，波长在113~483千米之间。因此，它的周期也长，大约20分钟。也就是说，从一个波峰到相邻波峰，要经过20分钟。由于波较长，波浪搅动起的水的粒子就形成更大的圆圈状，有时直径可达10米。另一方面，波高却比较小，同深水炸弹爆炸中引起的震动波差不多。通常情况下，波高不足0.9米，对船不会产生任何影响，因此船员很少注意到它们。

四、如何预知海啸即将来临

海啸的规模是不一样的，引起海啸的海底事件规模越大，海啸越大。在海啸冲击波向外扩散的过程中，海啸规模会削弱，冲击波在水中的摩擦力减少了它的能量。因此，离震源或火山源越远，能量扩散的面积越大，能量就变得越小。

任何居住在海边的人都可以观察到海啸来临前的一些迹象。通常，海浪拍岸后被击碎成浪花，然后再退入海中。如果在原因不明的情况下，水退回到比往常更远的地方，使那些在大潮时都未露面的岩石浮出水面时，人们就该警觉了。然后更高的海浪冲向岸边，停留几分钟后，流回海中。如果水升高的高度比以往高出0.9米，停留了几分钟后退回，退回到比以往低了0.9米的地方，这时你已经得到了警报。你应立即离开，到内陆的高地上去，同时通知其他人。不要去搜集财物了，已经没时间了。几英里以外的海中，海啸已经形成，并且会迅速到来。最后，你会看到一道水墙从海平线上席卷而来，这时想逃走可能就晚了。几分钟内海啸的威力就会爆发出来。

在俄勒冈州和华盛顿州沿海地区，当地的土著人有一个传说：一个寒冷的冬天里，洪水席卷了内陆地区，引起地面摇晃。若干年前，日本科学家把这个传说同本国的有关记录作以对比，发现了关于海啸的报道。

那是在1700年1月27日午夜,浪高2—3米的海啸爆发,淹没了农田和仓库,冲毁了房屋。在这个记录中没有与地震相关的任何记载。科学家继续在世界各地查找资料,最后找到了这个始作俑者——一场大地震。同当地传说中描述的差不多,1700年1月26日,距俄勒冈州、华盛顿州及加拿大的不列颠哥伦比亚省沿海不远处,发生了一场大地震。科学家的发现不仅证实了传说的真实性,而且也向人类发出了警告。这次地震极其强烈,比当地在近现代经历的任何一次都严重,并且类似的大地震有可能再次发生。它可以将966千米沿岸的礁石击碎,海啸发生时海浪可达18米。

对于生活在沿海地区,特别是太平洋沿岸的人来说,海啸是他们面临的又一危险。同突发性水灾一样,海啸总是突然袭击,极具破坏力,令人恐惧。尽管太平洋沿岸比其他地区发生的次数多,但这并不代表其他地方不发生海啸。

潮汐

每天,海水要涨潮两次,然后再退去。涨潮时,海水覆盖了部分海岸地区,这种现象是海水泛滥。但是,涨潮太常见了,因此没有人认为这也是水灾泛滥。如果这种规律的运动中加入了其他因素,那可能真的会发生严重的水灾,从而影响内陆地区。

海水有规律的涨落是由潮汐引起的,它的发生情况因地区而异。在某些地区,涨潮每隔12小时发生一次,一天两次。而在中国海域,某些地方每隔24小时才发生一次。在英国南安普敦地区,涨潮之后水稍稍退去,不久之后又发生第二次涨潮。

通常情况下,海水退潮的距离同涨潮的距离是相等的,但潮汐规模及时间每天都是不一样的。某些海岸经历的潮汐规模比其他海岸大一些。

在地中海沿岸,潮汐运动规模很小,几乎不超过6米;而在英国的伦敦桥附近海域,平均潮高4.6米,有时甚至达到6.4米。在加拿大东部芬迪湾,潮有时升至15.2米,这是世界上规模最大的潮汐运动。所有水体都有潮汐运动,只不过在小于海洋的水体中,潮汐运动效果不太明显,很难引起人们的注意。

涌潮

在低压引起的海平面上升与风产生的波浪的综合作用下,风暴潮诞生了,如果风暴潮到来的时间恰好和高潮发生的时间相吻合,就会形成涌潮。人们预报涌潮时,会用海平面高于高潮水位的距离来表示涌潮的高度。如果高潮又恰逢大潮,这个高度会更高。在满月或无月时,如果发生风暴,会引起最严重的涌潮。

风暴潮不只发生在受热带气旋影响的地区。伦敦下游的沃尔维奇有一排防洪门,叫做泰晤士河屏障。这些防洪门建于1982年,共花费7.58亿美元,其目的是使伦敦免遭风暴潮引发的水灾的袭击。

由于这一地区陆地在下陷,高潮水位自1780年以来上涨了1.5米,所以在未来几年,人们有可能修建更多的防洪门。1663年,英国人萨米尔·帕皮斯曾在日记中记载,伦敦中部的大部分地区都有被水淹没的经历。

现代最严重的一次风暴潮发生在1953年。在英国的绍森德海岸,在高潮到来以前的两个半小时内,海平面上升了2.7米。高潮到来时,海平面仍比平时高出1.7米。风暴潮在北海附近移动,造成了英国及荷兰两国的生命、财产损失。

潮汐和风暴潮在北海周围都是逆时针运动的。来自大西洋的潮水自北和南分别涌向北海,它们方向相反,最终相遇。这样,水在前后拍击的同时,形成了复杂的振荡。水的运动要受到地球自转以及科里奥利效应的影响,因此会绕三个"无潮点"逆时针方向流动。这三个点附近是没有海浪运动的。如果低压团穿越北海的北部海域,它会产生自北吹来的大风,生成长周期的波浪绕海运动。而同时,低压也会使海平面上升。当这些因素同潮汐的流动结合在一起时,产生的涌潮会很大。

潮汐会引起海平面有规律地上升,这是可以预测的。由于风暴中心气压降低,所以风暴也会引起海平面升高。此外,风暴也会促进海浪的生成。因风暴而引起的海面升高,如果此时恰逢高潮,就会产生涌潮,水以极大的力度涌上岸。

第三章　洪水带来的危害

我国洪水灾害的分布

我国洪水灾害分布极广,除沙漠、戈壁、极端干旱和高原山区外,大约2/3的国土面积上存在着不同危害程度的洪水灾害。全国600多座城市中的90%都存在防洪问题。西高东低的地形有利于洪水的汇集和快速到达下游,其中危害最严重的是发生在我国东部经济较发达地区的暴雨洪水和沿海风暴潮灾害。东部地区人口密集,土地开发利用程度高,经济较为发达,而且95%的人口生活在沿江、沿河的平原地带,因此洪水灾害造成的损失也十分巨大。

我国洪水主要特点

我国暴雨洪水形成的主要特点是:

1.暴雨集中，强度极大，从而形成江河洪水峰高量大，全国不同历时的最大点暴雨记录和不同流域面积的最大洪峰流量都与世界各地相应的最大记录十分接近，甚至超过。2.高强度、大面积暴雨洪水集中分布在山地丘陵向平原的过渡带，并具有明显的地区差别和时序规律，夏季集中出现的雨带主要分布在太平洋副热带高压的西北部。3.江河洪水年际变化很大，同时又存在重复性和连续性，一个流域重复出现类似的特大洪水和连年发生特大洪水的情况屡见不鲜。4.沿海风暴潮灾害主要由强热带风暴和台风引起，其中少数登陆台风深入内地，与北上的从西南部产生的气旋性涡旋相遇，往往在局部地区产生特大暴雨。

淹没房屋

苏格兰东部一对夫妇刚刚搬到福斯湾北岸不久就遇到了一场大风暴。风暴过后，他们发现房屋后面的院子有一半已经消失，浸入海水中了。在院子的所在地曾经有一个大洞，里面浸满了海水。在院子与海滩之间有一道多年以前修筑的海堤，人们本以为有它就安全了，而它也被巨大的海浪摧毁了。

在几百千米以外，不同的时间，不同的地点，却发生了相似的事件。当海边绝壁塌陷时，上面的宾馆地面也随之消失了。在暴风雨的威力之下，这栋建筑成了危房，紧急救援小组命令店主在十分钟之内搬走物品，清空房间。

在海岸附近也曾经发生过整个沿海小村没入海下的事情。庭院、小村的突然消失给人们提供了故事的素材(当然有些故事可能是真实的):在暴风雨期间,如幽灵一般的教堂钟声在海底响起,随着海浪摇曳。事实上,被海水侵蚀的物体并非简单地消失了,它们通常是在距海岸稍远的地方沉积下来。在一些地方的海岸线前进的同时,也有一些地方的海岸线后退了。有个小村庄曾经紧靠港口,拥有自己的渔船,而现在它却处于距海 1 千米以外的内陆地区了。

英国东部和东南海岸也是洪水常发地,因此英国修建了泰晤士河屏障以保护首都伦敦免遭涌潮袭击。显然,沿海陆地地势越低,危险性越大。伦敦的平均海拔为 1.9 米。而某些区域更低。严重的洪水会冲毁地铁和下水道,带来灾难性后果。美国的一些城市也在危险之列:巴尔的摩的海拔是 4.3 米;南卡罗来纳州的查尔斯顿的海拔为 2.7 米;迈阿密的海拔为 7.6 米,而弗吉尼亚州的诺福克的海拔是 3.4 米。

在冰河时代,极地冰原极度扩张,直至最终覆盖了北部大洲的大半部分。目前,我们正处于间冰期,但是冰河还没有彻底退去。格陵兰冰原的平均厚度为 1524 米,这个厚度足以将南极洲的大部分地区覆盖到 2103 米厚。

冰的重量较大,所以几千英尺厚的冰原是非常重的,对下面地壳上的坚硬岩石形成下压力。冰原停留在地壳下炎热、略带塑质的岩石外罩上,冰的过大力量使它下陷。然而,在冰河与冰原的边缘,冰推动表面岩石向上移动。所以,冰原和冰河的中心呈凹陷状，而边缘却呈凸起状。

当冰河时代结束，冰融化后，它压在地壳岩石上的重量减少，岩石逐渐恢复到从前的高度。陷入到冰原中心的岩石开始上升，而边缘处上升的岩石却开始下陷。这种重新调整的过程叫做“平盖均衡”。它始于约 1 万年以前。

在 20 世纪，全球的平均温度略微上升，海洋温度也随之上升。海水升温后膨胀，引起海平面升高。在某些地方，海平面比 1900 年升高了 15 厘米。当然这只是局部现象。如果全球变暖趋势持续下去，海平面会继续上升。至于具体升高多少，科学家目前还无法预测。多年以来山区的冰河在不断退去，但是极地冰冠不可能会缩小，南极洲西部冰原并未变薄，反而增厚了。结果，融化的冰不足以大幅度地增加海水水量。但是，即使海水小幅度地升高也会使地势低矮的沿岸地区发水，而在地壳均衡调整中下陷的海岸地区更容易受洪水影响。

这些变化发生缓慢，所以没人注意到。在暴风雨、涌潮愈加频繁、猛烈的海岸地区，人们将海堤加高加强；而在其他地区，如履薄冰的海岸地区仍旧是人们朝思暮想的居住地。

沿岸流、沿岸漂移和防波堤

海浪到达海岸时，二者通常不会成直角，多数是成斜角的。这就产生了平行于海滨线流动的水流，叫做沿岸流。当某个海浪在某一角度破碎时，这一角度的海滩泥沙沿海滩到达另一角度，某些被沿岸流带走。在沿岸及沿岸附近的水中，有一些泥沙及碎石随着波浪沿海岸线漂移，这个过程叫做“沿岸漂移”。

对于生活在海滩附近的人来说，沿岸漂移是一种可怕的过程，因此他们总是试图阻止。在这个过程中，不仅沿岸财产会遭受损失，而且海滩也会遭到破坏。海滩本身就是价值极高的资产，吸引着成群的度假者，给当地人带来可观的收入。海边度假这种休闲方式在 19 世纪和 20 世纪流行起来，从那时起，人们就开始想方设法地阻止海滩消失。人们修筑了防波堤，也叫折流坝。现在某些海滩上还可以看见防波堤或它的遗迹。

防波堤同海堤类似，但方向有所不同：它与海岸线成直角，穿过海滩，一直延伸到潮水位线或更远的地方。防波堤通常由木材建成，多数现已腐烂或消失。修筑它的目的就是阻止海滩泥沙形成沿岸漂移。

人们现在已经很少使用防波堤，因为使用几年以后，人们发现它会产生一些奇怪的效应。没有防波堤时，沿岸流将海滩泥沙沿悬崖下的沙滩运输，而有了防波堤以后，它阻住了大量泥沙。当然，这是人们的意图所在。但是，防波堤也能击碎海浪，这使另一端的水猛烈回旋，加大了此处波浪的力量。结果，防波堤缓解了一端的海滩侵蚀，却使另一端的侵蚀加剧。如果在某海滩修建一系列防波堤，那么海滩的形状就会发生变化。更为严重的是，它还会加快海滩后的悬崖的侵蚀速度。

渗透

某些薄膜是半透水薄膜,也就是说,一些分子可以从中穿过,但其他分子却不行。许多生物薄膜都属于这种类型,在工业上也可以生产出这样的产品。

如果半透水薄膜将两种作用力不同的溶液分隔,那么就会产生一种压力穿过薄膜,迫使溶剂分子(溶液表面的分子,比如说水,其中可以溶解一些溶质)从作用力较小的溶液流向作用力较强的溶液,直到两种溶液作用力达到相等。这种压力被称为渗透压力,渗透就是分子在渗透压力的作用下穿过薄膜的过程。最常见的溶液就是物质溶解在水中的溶液,因此,最常见的就是水作穿透薄膜的运动。

细胞体内包裹着半透水薄膜,还含有一些溶解在水中的物质。如果细胞外溶液的浓度高于细胞内溶液的浓度,水就会从细胞中流出。如果细胞内溶液浓度高,水就会流入细胞内。

根据细胞渗透原理,荷兰人采取了这样一个措施:将靠近陆地的围垦区封住,灌入淡水,以阻止咸水的进入。这么做使过去的农田现在变成了淡水湖,产生了一定的积极作用。1920—1932 年,北海的须德海海湾一部分被 29. 77 千米长的大坝围起来,为荷兰增加了大约 20. 2 万公顷的耕地面积。目前荷兰的围垦田面积达到了 6475 平方千米,占全国耕地总面积的 1/5 左右,并且大部分围垦田都是低于海平面的。普林斯·亚历山大围垦田是全国最低点，位于海拔6.7米以下。

在围海造田这方面，荷兰人是最有名的。事实上，这种开垦土地的方法是自古就有的，只不过没有以文字形式记载下来而已。目前，在一些农田资源匮乏、沿海低地平地充足的国家，像英国、法国、德国、丹麦、日本、印度、几内亚和委内瑞拉等国都存在围垦田。18世纪的美国佐治亚州和南、北卡罗来纳州也存在围垦田。后来，农田逐渐被废弃，那里又恢复为沼泽地。

围海造田的第一步是筑堤，将海的一部分圈起来。堤要修得高大而结实，这样才能将海水阻挡在外面。第二步是将堤内的水排放出去。如果围垦田高于高潮水位，那么田地表面的水可以在低潮时排放到海里，然后再将围垦田重新封住；如果围垦田低于低潮水位，那么必须用泵将水抽出。风车泵在荷兰最为知名，它们将水从围垦田抽出后，排放到较高的排水渠中，再流到大海里面。荷兰现存的风车除了用于发电和研磨谷物以外，主要是用作游人观赏了。过去某一时期内，荷兰国内共有大约1万台风力和水力发电机，现在约有1035台风力发电机和106台水力发电机还在运作，由发电机驱动泵进行排水工作。

围垦田中的表层水排出以后，人们还要进行土壤排盐工作。这时，人们要把淡水或含盐量极低的水从别处抽调到田地表面。随着水渗透到土壤中，土壤中的盐溶解到水中，同水一起经排水系统流到海里。然后，淡水层聚集在地面以下，加入地下水，将更深处的盐排出。淡水比咸水浓度低，位于咸水层之上。二者缓慢地混合,但是之间存在一个界限。在这个界限之上是厚厚的淡水层,其量的大小足以满足农民们的要求。土壤经过处理便肥沃了,围垦田就可以投入使用了。

在地表以下、植物的根可以达到的地方,存在着地下淡水。但是,在靠近海洋的地方,咸水会渗入到内陆一定区域内。咸水比淡水浓度大,所以在淡水之下通常成楔状。离海最近的陆地可能由此变得贫瘠,因为那里的地下水全部是咸水。距此稍远的内陆地区就有所不同,那里的植物可以享受到足够的淡水。如果需要灌溉,深入到地下水层的水井就会给它们带来淡水。

但是,如果人们抽出过量的地下淡水,地下水面就有可能下降。此时,由于没有足够的淡水阻挡咸水,咸水就可能侵入到内陆更远的地方。咸水取代淡水,渗入到地下沙土、岩石中。更多的沿岸土地在咸水作用下变得贫瘠。

咸水入侵

在荷兰,淡水的盐污染是个大问题。灌溉庄稼要用水、干燥季节里土壤表面要蒸发水分,这些都会引起地下水面下降,导致海水逐渐入侵地下水层。如果用淡水冲洗围垦田,咸水的入侵会得以缓解,内陆的田地得到保护。

咸水入侵的问题不仅仅存在于荷兰。只要人们搬到一个地区居住,淡水就会不断地被取出。早在20世纪50年代,咸水的入侵现象就已经在美国出现,靠近大西洋、太平洋和墨西哥湾的沿海各州都受到了影响,远离本土的夏威夷也不例外。

沼泽地与红树林这样的沿海湿地能够吸引沉淀物,储存淡水,但是沿海经济的发展往往要求清除这些地方的植被以建造房屋。多年以前,佛罗里达海岸附近的一个离岸沙岛——萨尼贝尔岛就发生了这样的事情。植被被清除后,咸水自上、下两端分别入侵,风暴潮袭击海岸,内陆涌进大量海水,引起水灾。另外,海水也渗入了对内陆起保护和包围作用的沙丘,还同时入侵到地下水层。

在大陆地区,人们可以修筑运河以排放农田中的多余水,将水引入沿海。但这只能使情况变得更加糟糕。淡水排放入海以后,干燥季节里海水也会沿同样的路线侵入内陆,运河中的海水回流,污染农田。

人们搬到沿海地区居住以后,不仅需要房屋和公路,同样也需要利用海洋进行娱乐。为了满足这一需求,人们有时要挖渠或加深河流以提供与广阔水面相连的锚地。流入渠中的当然是海水,其后发生的水循环及水的化学成分方面的变化使咸水渗入到地下水中。美国的萨克拉门托河挖了很深的河渠之后就发生了这样的事情。

承受这类污染的不仅仅是海岸地区的地下水。在干燥天气里,河流水位较低,海水在河床以下流入内陆。

咸水的入侵其实也是洪灾的一种形式,只不过它发生在地下,不易察觉。恰恰因为如此,当它产生的影响比较明显时,损失已经造成了。挽救损失极其困难,代价昂贵。所以,预防比补救更容易些。在某些地方，人们可以在淡水层与咸水之间插入一个不透水的物质层，将二者隔开。在另一些地方，人们在开发之前应该检验一下地下水的运动情况，依此进行有计划的开发。由于以上原因，人们应该尽量不去影响湿地，它也是野生动植物的栖息之地。另外，有关部门应该对人们用于灌溉或其他用途而抽取的地下水量加以限制。一旦发现地下水面下降，应立即停止抽水并从外界引入淡水重新注入地下水层。

在城市的街道之下，地下水缓慢地下移。它的上层边缘处即地下水面。水在地下的流动过程同在其他地方的流动过程一样，只有一个重要区别：当城市降水时，只有一小部分水从公园、庭院以及其他有土壤和植物的开阔场地垂直下渗，而降落到街道、建筑物、停车场等地的水不能向下渗，只能流入排水管道，最后流入河流、湖泊或海洋。

排水管道所能承载的水量是有限的。一般排水管会将管道中的水排放到附近的河流中，一旦遇到强降水或河水水位上升，情况就会变得糟糕。河水上涨速度过快时，排水管道就会达到极限，雨水就会沿着路边流动。如果上游的融雪激流增加了河流的水量，河会沿着管道回流，迫使之前排出的雨水也回流，弥漫到街道上从而形成洪水。

科学家们用降水量、地表类型、地下水位高度及其他相关信息来计算洪峰的量。这些数字可以用来预测某一地区洪水的最大速度。城市中的洪峰流量比乡村大得多。在芝加哥，商业区和工业区的洪峰流量比居民区高4倍。测量和计算结果表明，城市中如果发生水灾，其后果比周围的乡村严重得多，水在城市的上升速度比在乡村快得多。

洪水给城市带来的影响

城市所包含的不仅仅是我们看到的地上部分，它还包括延伸到地下深处的建筑物。建筑物有地基和地下室，下面设有各种维修管道，包括电线、电话线、煤气管道、水管道等。当城市发水时，维修系统首先被淹。

洪水并不干净。洪水过后，它会留下厚厚的泥土积层。它与各种碎片混在一起，堆积在陆地上。1966 年意大利佛罗伦萨市的水灾中，阿尔诺河带来了 100 万英吨泥土、碎石、家具和其他碎片，人们动用笨重的推土设备，花了 4 周时间才清除干净。

洪水也会对救援行动造成障碍。河流的泛滥会冲毁桥梁，城镇街道上和街道以下的大水会冲击公路及铁路路段，将其击断以后以沙石形式堆积起来。2002 年 2 月 19 日下午 3 点钟左右，玻利维亚的拉帕兹市遭遇了猛烈的暴风雨和冰雹袭击。暴风雨和冰雹持续不足 50 分钟，但是规模极大，雹块堆积成山，甚至把汽车埋在下面。这个城市是在一个死火山的斜坡上建的，水沿着山坡冲下后汇集到街道上，街道立刻变成了流势迅猛的河流。河流冲走了汽车，惊慌失措的路人挤在路灯柱、大树下或汽车中，其中 100 多人身负重伤。乔克普河决堤，主街道额尔普拉德的地下通道被淹，泥土、冰雹和水的混合物堆积到 3 米深,5 人死亡。

一个地下停车场内,冰雹和各种碎片堆积到了棚顶。大水同时也冲毁了街道,破坏了建筑物的地基。据之后的统计,70 多人死亡,另有 70 多人下落不明。

地下水灾也可能引起火灾和爆炸。洪水将煤气管道和电线冲裂后,裸线暴露出来,很容易产生火花,使线断裂。在地面之上,电线杆和电话线还不如树木稳定,很容易被冲走。当某个区域的公路、铁路的交通路线被冲毁,电话线断裂时,这里就与外界隔绝。意大利北部马焦雷湖附近的欧米格纳地区就曾经发生过类似事件。当时是 1996 年 7 月份,由于洪水引发山崩,这一地区被隔离起来。幸运的是,在危急情况下,紧急救援人员使用无线电与里面的人进行交流,最终把人员解救出来。

第四章　洪水灾害的预防措施

河坝的修造

早期的河坝通常是由泥土、岩石或二者混合筑成的。修建规模较小的河坝也是一项浩大的工程，需要大量的材料，因此人们很自然地想到利用随处可见的泥土和石头。第一批河坝可能完全由黏土或其他精细土壤构成，土壤粒子紧密结合在一起以后，水就不容易渗透。由单一材料筑成的大坝叫做“均质坝”。

1 立方米水重 1000 千克，所以即使小型水库也会对河坝施加巨大的压力。因此，坝身必须牢固坚实，坝基要比坝顶厚得多。因此，坝身的横切面应该呈梯形。坝身的坡度不应该太大，否则泥土或石头会陷到底部。另外，坡度还应该分散大坝的重量，防止坝下的地面下陷不均造成的大坝倒塌。河流上游处的坝身必须能够抵御波浪的冲击，下游处的坝身必须抵御住雨水的侵蚀。

为了吸收波浪的能量，上游的大坝正面堆积起一堆大小不一的岩石，叫乱石层。当然，我们也可以用泥瓦、混凝土或沥青将其保护起来。

目前，泥土与石头还被广泛使用着，而钢筋、混凝土以及固体泥瓦也被应用到了大坝的修建中。

一、阻止河水溢出

人们为了阻挡河水而修筑了河坝。河坝修好以后，坝后的水就会累积起来，形成人工湖。湖中的水不断升高，水位将逐渐升至与这一水区顶端相同的高度。河坝可能像河谷那样高，所以河水不会溢到人工湖两边的田地中去。这时，如果不把闸门打开放水，那么水迟早要溢过河坝。如果是土坝，河水会将坝顶构造冲走，之后整个大坝都会被冲毁。如果坝基不稳固，河水会从下面流过并不断冲击坝身，最后大坝倒塌。这种情况下，即使是由混凝土等坚固物质筑起的大坝也要有步骤地排放多余水。因此所有大坝都在中心或两边安装了溢流管或溢水口用来排水。

对流经大坝的水量加以调整后，坝后的水位可以保持较低，波浪也不会冲击坝顶了。波峰与水位最大值之间的距离叫做“相对高度”。如果河坝用于发电，那么坝内会有管道通过，管内的水从高处落到低处，经过涡轮机后，释放到下游面。

河坝已经多次成功地预防和阻挡了洪水。这是一个不可争辩的事实。但是，它也有失灵的时候。一失灵就将会给下游带来灾难性的洪水。虽然这种情况比较罕见，但是也确实发生过。西班牙瓜达兰廷河的普德斯大坝是一座重力坝，于1791年竣工。1802年，异常猛烈的暴雨给水库带来过多雨水，大坝无法承重，引发水灾。

1926年竣工的加利福尼亚州的圣弗朗斯两大坝也是重力坝。由于地基不稳固，它在竣工两年以后倒塌。混凝土质的大坝需要坚固的地基，通常是建在没有被侵蚀或因风化而发生断裂的岩石层上。澳大利亚的基瓦河上曾经修建过一座小型支墩坝。后来，在风化作用下，一些支墩发生渗漏，难以修补。1959年11月，法国南部雷兰河的马尔帕撒特供坝发生倒塌，究其原因，原来是地基下面发生断层引起的。

西班牙的蒙特雅克斯大坝是一座拱坝，它被彻底废弃并不是因为出现断裂，而是因为周围的石灰岩出现了洞窟。大坝建好、水库蓄水以后，人们发现水从洞窟中渗出，就想方设法将其封住。但是，实践证明，他们无法让水库密不透水，只能将它废弃。田纳西河上的肯塔基大坝也面临着同样的问题。不同的是，这里的洞窟用沥青和水泥堵住了，只是代价太高昂了。

1976年6月5日，美国爱达荷州斯内克河谷的德顿大坝倒塌。当水库蓄水量达到30亿立方米，即额定蓄水量的97%时，大坝倒塌。洪水漫延到64.75平方千米的土地，造成3万人无家可归。维昂特大坝并未倒塌，但是由于山体滑坡引起的河水溢出同样造成多人死亡。

二、河坝带来的地震隐患

有时，新建的大型水库可能会引发地震。工程师和设计师在规划河坝的过程中，必须将这一因素考虑在内。1962 年中国新丰江水电站发生的里氏 6.2 级地震、印度马哈拉斯特拉邦科纳的 6.7 级地震均与澳大利水库的修建有关。

这种现象后来被称作“水库引发地震”(RIS)，但这个术语有些误导作用。水库并不会直接引发地震。水渗入水库下的土壤中或水库的重量压缩了下面的土壤后，土壤粒子的孔隙中水压增加，岩石断裂或移动的可能性增大。另外，水库的重量也会改变周围岩石的压力，这也增加了岩石移动的可能性。一旦发生地震，河坝坍塌，河流下游就会发生灾难性的水灾。

如果水库要以地震的形式将储存的能量释放出去，那么地震在水库蓄满水的时候就会发生。如果水渗透到水库下的土壤中的速度较慢，那么地震会延迟几年发生。岩石中的压力一旦释放出去，大坝就不会引起地震了。当然这并不意味这里不会再发生其他地震，而是说如果再发生地震，那么绝对不是由大坝和水库引起的。水库引发地震的危险性不应被夸大，因为它只存在于某些坝址。此外，人们还可以通过地质研究进行识别和测量，修筑能够承受地震的大坝。

三、河坝对下游带来的影响

多数大河都会经历水量方面的剧烈季节性变化。雨季或融雪都会增加河流的流量。雪全部融化以后,干燥季节的来临使水量减少。河坝对水流起到了规划作用,所以水流全年保持稳定。但是,河坝的下游却有所改变。

过去,科罗拉多河沿岸的季节性水灾将沙石沉积在河岸,形成沙滩。但是,修建格兰古大坝以后,河水流速变慢,致使沙石沿河床沉积。野生动植物的栖息场所发生了改变。后来,科学家意识到这些栖息场所需要周期性的洪水来维持,所以他们尝试恢复春季洪水。1995 年 3 月 26 日—4 月 2 日,大坝释放出的水以最快的速度流经大峡谷。当水流的速度恢复正常时,人们发现这一带又出现 55 个沙滩,而已有沙滩中的 75% 都增大了。岸边植被冲走,沼泽和滞水焕发生机,很多物种的栖息场所得到改善。洪水也对某些物种的栖息地造成轻微伤害,但整体来看还是一个巨大成功。之后,科学家开始着手改善其他可能受益的河流。

哥伦比亚河是科学家的首选,下一个要治理的是北卡罗来纳州的特里尼蒂河。特里尼蒂河于 1963 年修建了拦河坝,从此水流速度减慢,植被渐渐远离河岸。乌龟、青蛙、昆虫以及鱼类的栖息地减少,鲑鱼产卵的砾石河床也被泥沙覆盖了。1991 年以来,这里也开始进行人工放水,每年都有几天洪水期,水自大坝迅速释放。其他河流也先后采取了类似措施。这一措施在取得成功的同时,它的可行性也遭到了质疑，尤其是对于缺水的西部地区来说。

河坝在预防洪水方面确实取得了成功，但是也引起过一些问题。它曾经破坏野生生物的栖息地，改变河流下游泥沙沉积的模式，偶尔发生的倒塌事件也给人们带来巨大损失。而且，新建的大坝与地震之间又有着实实在在的联系。现在的科学家和工程师对于河流载水的方式有了更多的了解，能够找到合适的新坝址，并且知道了如何对野生生物进行保护。所以说，修建河坝的风险减少了，而它带来的利益却丝毫没有减少。

运河化工程

河流发生水灾的原因主要是它们有时容纳不下流经的水量。解决这个问题的一种途径是重建河流，改变河道。修筑河堤可以增高河岸，是重建河流的一种形式，但是这个工程要延伸很远。将河流加宽加深、除去弯道、夷平河床以及增加河床倾斜度都是解决问题的途径。对河流进行的这样大规模工程叫做“运河化工程”。

大规模的运河可以将两个邻近的排水盆地连接起来，使两者之间的水相互流动。运河化工程最雄心勃勃的项目之一就是将西伯利亚的两条河流改道的计划。这样，河水不再向北流入北冰洋，而是向南流入中亚地区的克孜勒库姆沙漠，灌溉那里的农田。后来，这一计划被废止了。若干年后，人们发现流向咸海的多条河流改道后，过多的水被用于棉花和水稻灌溉，结果造成咸海几近干涸。苏联科学家曾经建议改道鄂毕河以恢复成海水量,但是这个计划后来也作废了。

美国同样也有这样雄心勃勃的工程项目。1928 年的飓风洪水之后,佛罗里达州南部的凯斯密河被运河化。1939 年~1943 年,美国与墨西哥边界的里奥格兰德河 170 千米长的河段也被运河化。其他国家也正在开发或筹划相似的项目。

一、琼莱运河

世界上最大的运河化工程之一是苏丹的琼莱运河。它是由苏丹和埃及两国合作建成的。工程始于 1980 年,但 1983 年因苏丹内战,工程被迫停止。据报道,一颗导弹击中并毁坏了用于挖掘琼莱运河的钻机。最初计划的运河总长是 360 千米,而到那时为止,已经挖了 260 千米。琼莱是这个地区一个小村庄的名字,运河最初就发源于那里。现在的运河起始于博尔,但是琼莱这个名字一直沿用至今。

目前,白尼罗河一半多的水在通过苏德沼泽时蒸发掉了。苏德沼泽是苏丹南部的复杂地形网,由湖泊、沼泽地和小河流构成。琼莱运河建成以后,流经白尼罗河的 25% 的水将改道,绕过苏德沼泽。水将被储存在水库中,以备灌溉之需。这次改道还会将一块永久处于水下的土地排干,为牛羊饲养提供了方便。每年,运河将为埃及和苏丹两国提供约 3.8 立方千米的灌溉水。

此外,第二条运河的修建也列入到了计划当中。它将使灌溉水量加倍，总数相当于目前苏德沼泽蒸发掉的水量。通过规划河流的流量，这一计划也减少了20%的草地面积。这些草地由于地势低矮，每年都要遭受水灾，有时损失相当严重。20世纪60年代，由于草地长期浸于水下，很多牛羊死亡。若干年来这里已有将近660万数量的动物死亡。

当雨季来临、草地浸入水下时，当地的农民就在高地上种植庄稼。在干燥的季节里，他又把动物放牧到草地上。因此，洪水的定期发生关系到这一地区200万人的当前生计问题。但是，现代化的灌溉和排水技术应该让他们的农业也现代化。同所有类似的计划一样，琼莱运河工程也遭到了非议，它的长期影响还不确定。

二、变河流为运河

将河流运河化要改变河流的一些特征。运河同河流相似，但它是由工程师们人为地修建在没有河流自然流过的地方，因此水是静止的。一条自然河流人为改在英格兰和威尔士，人们为了阻止洪水的发生，已经修建了4.02万千米长的运河。以运河化的方式对河流加以改变的同时，也产生了一些负面影响，尤其是对于野生生物来说。北半球的很多河流过去都是被沼泽和树林环绕的，这样的生态环境有利于很多动植物的生长。而现在，沼泽干涸了，河边树林消失了，动植物的天然环境被破坏了。就拿水獭来说，它们习惯于在河岸的洞窟中休息和繁殖，而这些洞窟通常是存在于大树的根之间的。许多树木被砍伐之后，在河流处于高水位时，树根周围的土壤被河水冲刷,最终落到河水中。如果环境没有发生改变,水獭不会受到多大影响,因为河边总有足够的树,它们的栖息之所能够得到保障。但是,它们的栖息场所现在减少了,尽管一些环保组织正在努力改善河岸的生态环境。河边的树木可以为河水遮荫,树叶脱落以后会落入河水里。没有了树木,水生动物的食物来源减少了,河水温度也会变得更加极端。如果河床被夷平,野生生物会直接受到影响。在自然河流中,某些地方比其他地方更深,因此河里就有多种生态环境,适合不同物种的生存。对河流进行施工往往会破坏这些差异,导致河床环境变得单一。

目前,人们在挖运河之前往往进行周密的计划,这样可以将对野生生物造成的损失降到最低。事实上,过度的运河化带来的影响不仅仅体现在野生生物上,甚至会将洪水隐患转嫁到河流下游。

三、将洪水转嫁到别处

如果在河流容易发生水灾的区域修建了运河,水流速度就会加快,水不会溢出河岸。在河流流量达到最大时,河水就会从修建了运河的区域涌入到无水渠保护的下游,使那里的流量猛增。过去容易发生水灾的地方现在安全了,但是过去安全的下游处现在可能成为洪水高发地。此外,水流速度的加快也会引起下游河岸的严重侵蚀。

修建运河后,本来多水的河流也可能缺水。如果水流速度的加快增加了河流周围土地排水的速度,地下水面降低,就可能出现这种情况。这时，我们必须要安装阻水闸，控制流入渠化河段的水量。因此，虽说渠化河流可以降低水灾隐患，但是要治理河流的水量也存在一定的风险。工程师们必须对运河制定周密的计划，否则会出现严重问题。

水灾的预测

河堤、河坝的修建以及河流和湿地的治理工程已经较好地保护了家园和田地，减少了水灾的损失。但是，实践证明，迄今为止人们若想完全预防洪水的发生，还是不现实的。洪水发生的频率比以前减少了，但是仍旧在发生，而且破坏性毫不逊于过去。尽管我们目前还没有办法彻底保障财产的安全，但是我们已经极大地降低了人身损失。现在，很多人能够在洪水到来之前安全逃生，这多亏了预先的警报和周密的紧急救援措施。

现在的天气监测与预报可以相当准确地预测出未来几天的天气状况。卫星对整个星球进行观测并发送回一连串的图片和测量数据，天文学家以此观测天气的发展和变化。他们可以观测到飓风和台风，对其进行跟踪并预测，结果比较贴近。

因此，一些人认为，只要有特大暴雨发生，就对河流或海岸附近低地处的人发出警报，这样就不会有太大问题了。然而，事实并非如此简单，预测洪水可不是件容易的事。

首先，产生云下暴流的云并不是单独出现的，而是同其他云混在一起的。任何一朵云都可能产生暴雨，但只有一小部分真正产生了，而且这个始作俑者隐藏较深，很难辨认。即使我们辨认出它会产生云下暴流，也不能断定这里就会发生洪水。这要取决于暴雨降落在哪里。如果降在平地上，它可能会排放出去，不会引起任何问题；如果降在山坡上，水排放到窄窄的山谷中，这时有可能发生洪水。如果我们说辨认产生云下暴流的云是件难事，那么要想确切计算出它把雨水释放在哪里，可就难上加难了。

一、预防始于天气预报

预防洪水必须首先从天气预报开始。美国国家天文中心的天文学家利用卫星图片和数据及气象站的定时报告，对全世界范围内的天气系统进行跟踪。当他们认为某一天气系统将要产生大量降水并引发洪水时，他们会通知相关的河流水情预报中心。

美国共有 13 个河流水情预报中心，每个中心都负责大面积的流域和几个排水盆地。各中心的科学家在接到有关降水量的预报以后，开始着手计算本地区发生洪水的可能性。然后他们将数据信息送往各州及当地天气预报部门。那里的相关负责人将这些数据同国家天文中心送来的数据综合起来。多数国家都有一套类似的体系进行洪水的预测与预防。

水文学家是研究水在地下及地面运动状况的科学家，他们负责把天气预报的信息同这一地区的自然状况联系起来。他们的研究一部分是与历史记录相关的。

很多人经常测量自家附近的降水量,然后把所作的记录送到国家天文局。测量降水量并不是件难事,但是要想把自己的测量结果记载到官方天文记录中,就必须使用标准的仪器,进行精密的测量。自制的测雨计测量的结果只能供自己参考使用,不能载入官方记录。

有关降水量的可靠记录同关于洪水的记录一样保持了若干年。科学家们把现在的降水量与持续时间同历史记录做出对比以后,可对引发洪水的天气类型做出粗略的估计。

二、水文观测站

关于河流水位的记录并不能追溯到多年以前,但是目前水文学家正在对这些重要数据进行整理。这一任务要在河流沿岸的水位观测站中进行。水文站通常有一个小建筑物,里面的闸室通过地下管道与河岸边的钻井相连。水流进闸室后,上升至与河流水位相同的高度。波浪与激流并不会对这个高度产生影响,因此人们可以轻易并且准确地读出上面的数字,微小的变化也可以轻易察觉。这种技术的应用原理同尼罗河水位测量仪相同。尼罗河水位测量仪是用来监测尼罗河水位的仪器,几个世纪以前就已出现。这类仪器也可以为人们提供有关地下水位高度的信息。

自动仪器可以对河流水位与地下水位进行规律性的监测。在过去,结果通常是每隔 15 分钟记录一次,由一卷纸上打出的孔显示出来。现代化的观测站可以将数据直接传输到中心,这些数据可以将水位和地下水位最细微的变化显示出来。

三、暴雨流和底部流

如果我们将若干年内的河流水位和地下水位的记录搜集起来，同降水量的有关信息综合起来，就可以计算出土壤湿度不同的条件下排水盆地中的水流入河流所需的时间。这里我们要提到两种流：暴雨流和底部流。暴雨流是直接流过地表的水流，显然它会首先到达河流中。底部流是通过土壤向下渗透，成为地下水的水流。这对于我们计算到达峰值的时间有一定价值。到达峰值的时间是指从暴雨开始到河流水位达到最高值这一过程所需的时间。一旦我们得到某些排水盆地这方面的数据，我们就可以把它应用到土质相似的其他排水盆地中，因为那里可能没有精密的仪器来测量。

即便是这样，我们还是不能得到足够的数据预测周期长的洪水。由于我们没有长期的记录，就只能用模型得出的数据进行预测了。

四、模拟河流

一些水流模拟装置是实体模拟。人们要建造小型的山和河流，然后在它们的上面和里面降水，观察洪水发生的条件。在人们修筑洪水防御工事之前，也用它来进行测试。小型模拟坝、模拟溢洪道和模拟河堤可以在水量不同、流速不同的情况下进行测试。在真实的河流中，人们用对野生生物无害的有色燃料来跟踪水流的方向和速度。

计算机模拟装置也得到了应用。它们通过一长串的打印输出数据构成的图片来显示结果。尽管这种装置应用的是图片，但它们也是完全数字化和高度复杂的。

地下水面的高度、地下水面之上的土壤中的水汽含量、土壤和地下岩石的特点、地下水流动的速度、降水量、河流的容量以及其他诸多因素都要被输入到计算机中去，并通过一系列的等式彼此联系起来。数据输入以后，装置首先要测试以后是否还会重新出现类似的情况。一旦出现错误，可以及时纠正，这样装置就可以精确地描述出真实状况。只要对某些输入数据加以修改，我们就可以看到不同条件下模拟装置发生的反应。

实体模拟只局限于当前的现实世界，而计算机模拟可以给科学家更多的自由空间。如果他们分别输入现实世界中发生洪水和未发生洪水时的天气状况，计算机模拟装置就可以做出准确的预测。另外，他们还可以将假定条件加以修改，比如延长降雨时间或增加降雨强度，然后得知什么条件下可能暴发比较罕见的洪水。

当然，这些只是计算的数据，并不代表现实世界中真的发生了这样的水灾。但是，如果现实世界中出现了以上的条件，计算机模拟得出的数据就是对我们发出的警告的信息。农民不仅要知道他们的农田是否会被水淹，而且还要知道可能被水淹多长时间。紧急救援部门需要知道即将来临的洪水的大致深度，然后才能判断他们是否需要船只来进行救援。如果需要,那么需要何种船只?如果需要为撤离的人提供临时住所,那么需要住多久?这类信息也可以通过模拟装置计算出来。

在沿海一带,洪水的隐患不仅来自于海洋,也来源于河流。风暴潮与涌潮比河流决堤更容易预测,因为前两者不涉及地下水的运动。有了卫星传回的图片和数据,人们可以在风暴穿过海洋的时候就密切关注和监视它,天气预报人员也可以在它穿过海岸之前测定它的强度。他们能够判断风暴产生的波浪大小,也能把它到达时的状况同潮汐联系起来。

陆地排水系统

如果平时干燥的土地上因为水的聚集而引发水灾,可以在地表处形成溪流以前就将水排放出去,达到先发制水的目的,这就是排水的目的。由于流动的水能够移动土壤,所以尽早排水也可以减缓土壤侵蚀。而且,通过排水,土壤堆积河中,污染河口与港口等一系列的问题也会迎刃而解。

过去,农民一般靠挖建排水沟来为田地进行排水,在乡村至今还可以看到这类排水沟。排水沟一般建在田地的高处,与坡度成直角,阻止水的进入。田地之上的地面排出的水流入沟中后,沿着它继续流动,直到最后流入到河流或湖泊中去。排水沟能排出水量的多少取决于沟的深度。沟越深,排出的水越多。

水通常会自然地在坡底聚集，如果无法及时排出，土地便会变得无法渗水。长此以往土地的农业价值就会降低，甚至无法耕种庄稼。沿斜坡每隔一定距离挖建排水沟，可以有效预防和阻止这一现象。排水沟需要定期进行维护。如果不定期清理，植被就会阻挡水流，最终将排水沟堵死。而田地中冲下来的土壤流入排水沟后，沟会逐渐变浅，排水量也随之减少，还可能侵蚀沟两旁的土地。如果人们不对排水沟进行定期维护，它最终会变得毫无用处，在农业密集、农田宝贵的地区，排水沟占据了一定的农田面积，并会妨碍现代农用机械的正常运作。

一、排水管道和排水沟

某种情况下，人们可以用管道来代替排水沟进行排水。管道同沟的功能一样，被埋在地下，安装以后的维修工作非常简单，又不耗费太多人力。管道只适合取代一些小的排水沟，因为主沟水量太大，如果用管道代替，那么价格会昂贵到让人无法承受的地步。

排水沟也有一些管道所没有的优点。除了排水以外，它们还能够储水，将水一直保存到潮汐或水位下降时为止。在某些地区，排水沟提供的这种服务是极为有用的，而排水管道系统却很难做到这一点。

另外，习惯于生长在河岸边的植物常常会在大型排水沟的两边成行生长，沟边地带成为野生动植物的栖息地，而野生动植物是应该受到保护的。

二、植物在土地开垦中的作用

植被在洪水预防中起到一定的积极作用。所有植物都可以通过蒸发及蒸腾作用将水从陆地上转移到空气中。生长在河岸边的植物在这方面更为擅长，毕竟它们是自然生长在那里，也就对湿地环境更为适应。事实上，也正是由于这个原因，人们在土地开垦的过程中，经常种植河边物种，它们有助于干燥土壤。当地下水面降至根以下时，这些植物会死亡，其他植物会代替它们的位置生长在那里。植物，主要是草类，也可以用来开垦被侵蚀过的沟壑溪谷。当水流过地表时，水流的速度同地表的坡度和粗糙度成比例。地表越粗糙，水流速度越慢。生长在沟壑溪谷中的草使地表变得崎岖不平，因而可以减慢水流的速度。水流速度减慢以后，水流的能量也随之减慢，土壤粒子就会作为沉淀物沉积下来。这些沟壑溪谷有了越来越多的土壤沉积后，就会逐渐变成青草包围之下的“绿洲”。

三、田间排水沟

埋于地表之下的田间排水沟是用来降低地下水面的。这并不是什么新生事物。过去，农民若想以这种方式给田地排水，就会挖一系列与地表坡度平行的窄沟，用大石堆砌在沟的两边，再覆盖一些树枝及小树,然后把挖出的土填到树枝上面,将沟埋起来。当然,随着树枝的逐渐腐烂,上面的土壤会掉到沟里面去,最后将沟填平。这时,农民就不得不重新挖沟,比较辛苦。幸好这类沟每隔几年才需要重新挖一次,而且除了要花费劳动力以外,不会对农民造成任何物质和材料上的损失。

既然水沟的任务是将水排到坡下,那么水沟本身就必须有一定坡度。在山坡上水沟的高度降低1个单位(相对于海拔来说),如果比例超过1:1000,水就可以自由地在排水沟中流动,而且,它们也可以在暴雨期间尽可能多地排水。

四、鼠道式排水沟和瓦管排水沟

沙土由体积相对较大的粒子构成,而且粒子间有较大空隙,因此可以在无任何外力帮助的情况下自由排水。地表较重的土壤,尤其是黏土,要借助于浅地表排水系统。这是因为,黏土粒子极其微小而又彼此紧密粘连,所以地表的水若要从中通过是非常困难的。耕地过程中未触及的下层黏土往往会在气候潮湿时因水分过多而无法再渗水,到了气候干燥,又会被太阳烘烤得非常坚硬。无论是哪种情况,土壤中都会生成一个不透水层,使上层土壤被水浸透后无法渗水。这种情况下,雨水不会渗入到地表下,而是沿着地表流动。因此,耕种深度以下的土壤因为得不到水分会继续干燥下去,而地表的水也很快干涸,宝贵的水资源就这样白白浪费了。

为了解决这一问题,农民们想出很多办法,其中最经济有效的方法就是用挖沟犁来安装鼠道式排水沟。挖沟犁并不像普通犁那样在土地上挖出犁沟。它有一个与圆柱主体垂直的刀刃,叫做“犁刃”。当子弹状的犁刃在土壤中前进时,后面昀扩大器将挖掘出的洞加宽加大。土壤被推到两旁,中间形成一个通道。这个通道就是排水沟。

在犁刃后,有一个宽宽的圆柱体,用来加宽加大犁刃挖出的洞。挖沟犁在土壤中运行时,到达的深度可以由可调整的导向杆决定。它首先用犁刃挖出一个窄窄的裂缝,然后逐渐形成一条通道。挖出的土壤堆积在通道旁边,使通道保持开放。根据土质的不同,挖出的沟间距及深度也不一致,一般间距是 2.7 米,沟深是 0.6 ~0.9 米。这个深度已经足够让水渗入到次土壤中了。

随着挖沟犁在土壤中不断拖动,将土壤散向两边,两边的土壤之间会形成一个约 45°角的裂缝。水就是从这个裂缝中排放到鼠道式排水沟中的,然后再经排水沟流到较大的沟或管道中。人们犁地时通常不会对鼠道式排水沟造成影响,因为犁所触及的仅仅是表面下一英尺左右的土壤。在黏土中,鼠道式排水沟可以持续 5 ~10 年,然后开始崩塌,需要重新进行挖掘。

与鼠道式排水沟相比,瓦管排水沟持续时间更长,只是费用也更高。另外,瓦管排水沟适用于土壤太软、无法挖建鼠道式排水沟的地方。瓦管排水沟的沟底是由管子一根接一根连接起来的。过去,管都是由多孔的黏土制成的,而现在通常是用聚乙烯或水泥制成,因为这些材料更便宜,而且耐久。瓦管排水沟的运作原理同鼠道式排水沟一样,但是它的体积要大一些,直径一般是 7.6—30 厘米。瓦管排水沟的间距要大一些，根据土质不同，一般为21～30米。瓦管排水系统由排水支管构成，排水支管里的水流入主排水管，也叫集极排水管，然后再流到河流中。各排水体系的形状根据地形以及地表坡度的小同而有所小同，其中最常见的是人字形排水沟。

五、田间排水沟的优点

田间排水沟能够吸入它两边的水，因而有助于降低地下水面。距离管道最近地方的地下水面首先开始下降，然后这个效应向远处扩散。一般来说，排水沟经过几年之后才会达到它的最终极限。决定地下水面下降幅度的是排水沟的深度，而不是它的容积。

排水沟有助于改善湿地农田的质量，因此有助于提高庄稼产量。这也是它深受农民欢迎的原因。另外，排水沟可以将水改流到河流或池塘中，进而防止低地地区发生水灾。排水沟还可以沉积一部分田地沉淀物，缓解土壤侵蚀，防止河床升高。

田间排水体系同城镇中的街道、建筑和停车场等地的排水体系是大同小异的。同田间排水沟一样，城镇中的排水设施也必须具有一定规模，能够承载可能流入的最大量多余水。它也必须将水释放到低处，低于它为之排水的位置。在某些城市，这一点成了一个难题。这些城市中的某些地方是低于河流水位的，所以水不能向低处排放，只能用水泵抽到高一些的位置。

六、泛滥平原

海岸附近或者河流的泛滥平原上的土地排水系统会增加这些地区发生洪水的可能性。在这类地区，保护建筑物的唯一切实可行的方法就是将它们建在洪水无法轻易达到的地方。

人们普遍认为，泛滥平原是容易遭受周期百年型的水灾袭击的地方。如果一所房屋的预计使用年限是 70 年，那么在这 70 年中，它极有可能遭受一次周期百年型水灾的袭击。避免水灾隐患的唯一方式就是将它建在大水达不到的地方。同样的道理也适用于存在侵蚀现象的海岸地区以及经常发生飓风并引起风暴潮的地区。一些专门研究岸边建筑工程的工程师们认为，海边的侵蚀和水灾隐患计算标准同泛滥平原相似，都是以 100 年为周期，所有的建筑物都应该与海岸有一定的距离。

第五章　洪水灾害中的应对措施

水灾中的自救逃生常识

2008 年 5 月，在我国南方部分地区发生的大范围强降水，造成贵州、江西、湖南、广西等省区 48 人死亡、25 人失踪。其中贵州省 7 个县市遭受洪涝风暴灾害袭击，暴雨引发洪水和山崩，摧毁了房屋、公路、田地，电力供给、电信系统也被迫中断，水灾造成 18 人死亡，12 人失踪，166 人受伤，4600 多人被迫紧急转移安置。

通过以上数字，我们可以看出水灾危害有多大。所以，平时就要做好各项防灾措施，多了解一些防范水灾的办法，丰富自身的防灾经验。

民众普遍缺乏避灾自救常识，这会造成不必要的人员伤亡和经济损失。南方地区降水频繁，水灾成为南方地区面临的首要自然灾害。因此，水灾的自救逃生知识就显得更加重要了。

洪水突至，什么样的避灾场所才是最安全的？被洪水围困时，我们该怎样采取行之有效的办法，以免被洪水冲走？水灾过后，我们又当如何应对灾后疫情？每一个细小的问题都关系到我们生死存亡的大事，因此，多了解一些避灾自救的常识，关键时刻可以救你一命。

一、关注天气预报，提高警惕

水灾通常较易发生在江河湖溪的沿岸和低洼地区，水灾的破坏力主要是由山洪暴发和江河湖海泛滥造成的。山洪多发生在山区或丘陵地区，江河泛滥则多发生在江河湖海沿岸及低洼地带，居住在这些地带的民众，需要特别注意短年的汛期规律及暴雨周期，关注当地的水情预报和天气预报，提高警惕。

二、洪水来临时的防范措施

灾害前根据经验或灾害前兆应做充分的预测估计，并取得相关的气象状况的支持，在水灾到来之前做好预防工作，及时转移人、财、物到安全地带。疏散转移时，尤其要照顾好老弱妇孺及病人。

水情预报情况较紧急时，应及时准备好必要的食品、饮用水与保暖衣物，以免疏散或转移时慌乱。

疏散和转移之前，一定要关好水闸，切断电源，将不方便带走的贵重物品做好防水措施，捆扎妥当，放在不易被洪水侵蚀的安全地方。出发之前把门的缝隙堵塞好,门槛外侧填充沙包或旧毛毯等吸水之物,防止洪水漫入,关好门窗,防止室内财物顺水流走。

在危险地带如地处河堤缺口、危房处的人群必须马上撤离现场,迅速转移到高坡地带或高层建筑物的楼顶等安全场地等待救援。

洪水突至,如果来不及安全转移,要遵循一个很重要的原则:人往高处走,即一定要逃往高处。如爬上楼顶、大树或就近的较高山头,发出求救信号,等待救援。另外还要集身边一切可以利用的漂浮物。不到万不得已,绝对不可贸然下水。

在家遇到水灾时的自我防护

如果洪水发生时,您在家中,首先要冷静,不要慌张。马上关闭煤气总阀和电源总开关,以免发生煤气泄漏或电线浸水导电等状况。

如果衣被等御寒物不能随身携带,就要放在高处保存;将不便携带的贵重物品做防水处理后埋入地下,做好记号以便找寻,不能埋藏的就放置在可以存放的最高处;票款、首饰等财物可以缝在随身衣物中,以备不时之需。

房屋的门槛、窗户的缝隙是最先进水的地方。用袋子装满沙石、泥土,做成沙袋、土袋,在门槛和窗处筑起第一道防线。沙袋可以自制,以长 30 厘米、宽 15 厘米为宜,也可以用塑料袋或者简易布袋塞满沙子、碎石或泥土等，其功用等同于沙袋。如临时找不到以上材料，就用旧毛毯或地毯、废旧毛巾等吸水之物，塞住缝隙。

把所有的门窗缝隙用胶带纸封严，最好多封几层。

一定不要忘记老鼠洞穴、排水洞这些容易进水的地方，要将这些地方堵死。做好各项密闭工作的建筑物会很有效地防止洪水浸入。

如果预计洪水水位会涨很高，那么应在底层窗槛外以及任何有缝隙可能浸入洪水的地方堆积沙袋。出门时尽量把房门关好，以免财物被水冲走。

假如洪水不断上涨，在短时间内不会消退，一定要及时储备一些饮用淡水、方便食物、保暖衣物和烧开水的用具。如果没有轻便的炊具或不方便使用炊具，要多准备方便食用、免加工的食物，还要准备火柴和充气打火机，必要时用来取火。最好多准备高热量食品，如巧克力、甜糕饼等，还有碳酸饮料、热果汁饮料等，高热量食品能高效增强体力。

洪水到来时难以找到适合的饮用水，所以，在洪水来之前可用木盆、水桶等盛水工具储备干净的饮用水。最好是一些有盖子的可以密闭保存的瓶子，水桶之类，防止水污染。

如果洪水迅速猛涨，你可能不得不躲到屋顶或爬到树上。这时你要收集一切可用来发求救信号的物品，如哨子、镜子、手电筒、鲜艳的衣物、围巾或床单、旗帜、可以焚烧的破布等。除此之外，手电筒和火光可以在夜晚及时发出求救信号，能争取及早被营救。

如果水灾严重，你已经被迫上了屋顶，可以在屋顶上架起一个防护棚,或者就近选择粗壮的大树或离家最近的小山丘躲避水灾。如果屋顶是倾斜的,就用绳子或床单撕成条状把自己系在烟囱或其他坚固的物体上,以防止从屋顶滑落。在树上时候,要把身体和树木强壮的枝干等固定物相连,防止从高处滑落,掉入洪水被急流卷走。

如水位看起来已经开始有淹没屋顶的危险了,就要开始准备自制小木筏了,家里任何入水能浮起来的东西,如木桶、气床、箱子、木梁、甚至衣柜,全都可以用来制作木筏。没有绳子的话,就把床单撕成条状用来捆扎物体。做好后一定要先试试木筏是不是能够漂浮起来并能承载相应的重量。此外,能做桨用的东西也是必不可少的。还要提醒的是,发信号的用具无论何时都要随身携带。

但是,不到迫不得已不要乘木筏逃生,因为非常危险,尤其是水性不好的人。一旦遇上汹涌洪水,木筏很容易翻船。除非大水已经有了冲垮建筑物的可能,或水面将要没过屋顶,否则待着别动,因为洪水也许很快会停止上涨,最好还是就地等待救援,这样会更加安全。即使游泳技术好,也不要轻易下水,以防止暗流旋涡和漂浮物冲击。

洪水灾害中可以选择的逃生物品

体积较大的中空容器,如油桶、储水桶等是较好的逃生物品。在迅速倒空原有液体后,重新盖紧、封好。这是很好的、能增加人体浮力的东西。密封性差的容器会给你的逃生带来麻烦。

空饮料瓶、木酒桶或塑料桶,如果单个的漂浮力较小,可以捆扎在一起以增加浮力来应急。足球、排球、篮球等运动器材的浮力都很好。

木质的桌椅板凳、箱柜等也都有一定的漂浮力。

逃生时应准备一台无线电收音机,并检查电量是否充足,以备电路、网络中断时及时了解各种相关信息。

大量准备洁净的饮用水,多备含高热量的罐装果汁和保质期长、方便食用的食品,并做好密封工作,防止污染或变质。

多准备保暖衣物及各种有可能用到的药品,如治疗感冒、痢疾、皮肤感染的药品。

收集可以用作求救信号的物品,如哨子、手电筒、蜡烛、火柴、打火机等。穿上颜色亮丽的衣物,要鲜艳醒目,以防出现危险时能及时发出求救信号。

城市里在水灾中应该避免的危险地带

城市情况复杂,洪水暴发后危机四伏。最有效的安全措施是原地不动等待水退。但是,前提是要远离城市中的以下地带:

危房里面或危房四周,防止出现高物砸落、危墙坍塌或电线浸水失火及漏电。

任何危墙及高墙周围,防止遭受洪水冲击后的泥土发生坍塌或砖瓦砸落。

窨井及马路两边的下水井口;洪水淹没的下水道;电线杆及高压电塔周围;化工厂及储藏危险品的仓库。

农村中洪灾发生时应该远离的危险地带

农村地形开阔,洪水容易长驱直入,房屋也易倒塌,水灾中民众更易受到侵害。最安全的避灾地点是山地和坚固的建筑。应该避免的常见危险地带有:行洪区(指主河槽与两岸主要堤防之间的洼地)、围垦区。

水库、河床及渠道(常指水渠、沟渠,是水流的通道)、涵洞(在水渠通过公路的地方,为了不妨碍交通,修筑于路面下的过路涵洞);危房中、危房四周;电线杆、高压电塔附近。

山区旅游时遭遇洪水的应对措施

在山区旅游的时候会遇到暴雨,山区出现暴雨山洪暴发的可能性很大,也很快,少则十几分钟、多则半小时。没有应对灾害常识的城里人总是在大雨过后,还滞留在山区游玩,在河水、溪流中游泳;旅游车仍在危险地段行进,这是非常危险的。在山区旅游时,如果遇到暴雨,一定要提高警惕,马上寻找较高处避灾,注意观察,是否出现灾害前兆,并及时和外界取得联系,争取求得最佳救援。

在山区旅游应注意以下几点:

一、提前预防

有山区旅游计划时,要先了解旅游目的地及经过路段是否属于山洪或泥石流多发区,要尽量避开这些可能存在危险的地区。山洪和泥石流等自然灾害的发生通常有季节特征,在多发季节内避免到这些地区旅游。在陌生的山区旅行时,可以找个当地的向导,向导可以帮你避开一些地质不稳定地区或灾害多发地区。要注意天气预报,在有暴雨或山洪暴发的可能性的情况下,要改变旅游计划,不可贸然出行。

二、应急对策

在山间行走时,如遇到洪水暴涨,不要惊慌,不要掉头就跑,要先找高处躲避,并尽量从高处找路返回。山洪暴发,都有行洪道,不要顺行洪道方向逃生,要向行洪道两侧避开。山通常都夹裹着大量的泥沙和断裂的树木及岩石的残渣碎块,这些都是能致人于死地的。根据重力原理,洪水通常由高处向低洼地带急速流动,所以,一定要避开行洪道的方向,尤其是山脚下,否则会被冲下来的洪水淹没。

在不幸遭遇洪水时，盲目涉水过溪是非常危险的。如果不得不过，尽可能用最安全的方法，如先找寻河床上是否有坚固的桥梁，有桥的话，一定要从桥上通过。如果河上没有桥，又非涉水过河不可，就应沿山涧行走，寻找河岸较直、水流不急的河段试行过河。千万不要以为最狭窄的地方直径距离最短最好通过。要找河面宽广的地方，因为河面宽的地方一般都是地势最浅的地方，较少遇到急流，相对安全得多。如果会游泳，可以游泳过河，但是要向斜上方向游。估计体力不能游到河对岸时，可试行涉水过河。通常先由游泳技术好的人在腰上系上安全绳，将安全绳的另一头紧紧系在岸边粗壮的大树或固定的岩石上，并请同伴抓住。下水试探河水深度及河床是否结实。试探安全时，游到对岸，将绳子牢系在树上或其他坚固物体上，其他人就可以依靠绳子过河。

如果你正在瀑布或岩石上，也不要紧张，在涉水之前，要先观察，选择一个最好的着陆点，用木棍或竹竿先试探一下是否坚固平整，起步之前还要扶稳木棍，防止水滑跌倒，尤其要注意的是，一定不要顺着水流方向行进，必须选择逆水流方向前进。

临时找不到绳子的时候，应就近找一些竹棍、木棒，它们可以用来试探水深以及河床情况，并且可以帮助平衡。行进时一定要注意前脚站稳了，再迈另一只脚，步幅不要太大。人数较多的时候，可以三两个人互相搀扶着一起过河。

如果山洪暴发，河水猛涨，已经不能前进或返回，被困在山中时，应尽量选择山内高处的平坦地方或高处的山洞，尽量避免在行洪道上或附近求救或休息。食物、火种以及必需品一定要随身携带并保管好,有计划地节约取用。饮用水的清洁也要注意,不要喝被污染的水和不干净的水(最好烧开或用漂白粉消毒)。

公交车被困水中时的逃生自救措施

公交车很容易在不断上涨的水中熄火,车会慢慢变成一个储水罐,这是非常危险的。这时候,司机、售票员和乘客要团结起来,相互救助,不要混乱拥挤。司机应立即打开车门,让乘客有序地下车,下车时,一定不要互相拥挤,以防踩踏事故的发生。

若水流湍急,下车后浸入水中时大家可以手拉手形成人墙,缓慢稳定地向岸边移动。这样可以避免个人力量单薄,不易被水冲倒。

被洪水围困时的应急自救

如果有充足的食品和饮用水供应,洪水中的"孤岛"也相对较安全。可以先待在坚固的建筑物上等待救援,不要轻易转移。等到水退,或水位不再上涨的时候,再返回家园或找寻其他安全可靠的逃生方案。

被困高地、围堰、坝坎、山坡或楼顶时,由于处于较高位置,会相对较为安全,但是也要确认建筑物是否坚固,注意观察洪水有没有继续上涨、房屋经过洪水浸泡是否存在坍塌的可能。如果有这些危险，要尽快向安全地方转移。

饥饿和口渴时，不要擅自行动，可以挑选游泳技术好、身体强壮的年轻男性，令其返回居住地或就近寻找食物和洁净的饮用水。注意观察汛情，不要在大水汹涌、水位持续上涨的情况下返回居住地或找寻食物和打捞落水财物。

妥善保管好通信工具，及时与外界或救援部门取得联系，发现救援人员时，寻求最快、最及时的救援帮助。

可以利用燃火、放烟、镜片反光、大声呼救或挥动鲜艳衣物等方法发出求救信号，以便取得搜救人员的注意，从而获救。

准备转移时，备好绳索，或用床单、衣物等做成绳索，捆绑在坚固处，以增加安全系数，降低小风险。

洪水上涨时的应急自救

洪水总会停止上涨，一般来说，想在洪水中逃生，需寻找比水位更高的地方。

在底楼或低处时，可以借助上涨洪水的浮力，一点一点地向高层或高处移动。

水位不再上涨，不能再向高处攀爬时，应仔细观察、判断水势是否会继续上涨；洪水的上涨能否危及生命；能否就近寻找一个更为稳定坚固的场所。

不得不转移时，要有计划、有目标地制定严密、安全、可行的预案。

掉落洪水中如何逃生自救

万一掉进洪水里，为避免呛水，要屏气并捏着鼻子。千万不要乱扑腾；可能洪水并不深，要试试能否站起来，如果水太深，脚不能触底，离岸较远时，就踩水助浮。注意身边有没有漂浮的物体可以增加浮力。如已被卷入洪水中，一定要尽可能抓住固定的或能漂浮的东西，寻找机会逃生。

大多落入洪水中丧命的人是因为惊慌失措而没有采取合适的对策而死亡的。深呼吸有助于保持镇静。如果水温很低，除了一些必要措施外，尽量避免消耗体力，以降低体热消耗。

鞋子要记住脱掉，尤其是长筒靴，一定要脱下来，否则注满水后会使人下沉。但是不用扔掉，如果不会游泳的话，可以倒掉靴子里面的水，将其夹在腋下，充作浮垫。衣服不要脱掉，衣服能保暖，而且游离在衣服之间的空气可以提升浮力。

如果会游泳，就游向最近的且容易登陆的岸边。如果是在江河中，不要直接径直游向河岸，因为这样既浪费力气，又徒然消耗体力。可以顺流漂向下游岸边。如河流弯曲，就游向内弯，那里水流速度较慢，水也可能较浅。

倘若不会游泳，要高声呼救，但不要浪费气力的狂叫。保持镇定并与救生人员合作。有人游来相救时，一定要保持理智。出于求生本能而紧抱住救生人员只会导致双方都陷入困境，严重的更会因此丧生。

如果河岸陡峭，不易上岸，就先寻找其他的可供攀爬之物，选择最佳登陆处，依靠攀援物挪移到岸边。不易攀爬时，就抓紧一件安全可靠的攀援物，一边呼救，一边深呼吸。

落入洪水后可以用踩水的办法自救。踩水可以让头部保持浮出水面。踩水的方法有很多，比较常见的是采用立式蛙泳的动作，身体与水面构成的角度很大，接近于直角。还可以像骑脚踏车那样让双脚在水里踩，双手前后、上下划动，这样可以增加浮力，保持平衡。另一种办法是双脚伸直，用小腿和脚轮流不停地打水，像自由泳那样。

在寒冷的水中如何自救

如果在寒冷季节落入水中，身体因为与冷水接触，体热消耗会很大，体温也随着下降，人的身体就处于一种低温状态。体热消耗的速度取决于当时的水温、随身衣服的保暖度以及落水者的自救方法。浸入冷水初期，皮肤表面的血管会收缩（以减少从血管传到体表的热），并且人会发抖（以产生较多的体热）。但浸入时间久了，人体就不能保存并产生足够的热量，体温开始下降。下降到35℃以下时，人就会出现低温昏迷；体温下降至31℃以下，人就会失去知觉,肌肉开始僵硬也不再发抖,瞳孔也可能扩大,心跳变得微弱且不规律。

因冷水的浸泡而发生的低温症的主要预防办法是有效地使用救生设备,减少在水中的活动,保持冷静,控制情绪,尽一切办法防止或减少体热的散失。救生装备主要是漂浮工具,如救生背心、抗浸服以及救生船,其主要作用是避免身体与冷水直接接触。

一、保持冷静

落入冷水者应该首先考虑保持体力,充分利用救生背心等救援物或抓住沉船漂浮物,安静地漂浮,等待救援。这样也会减轻在进入冷水时的不适感。在没有救生背心,也抓不到沉船漂浮物时,就要马上离开即将沉没的船只,防止沉船造成的巨大旋涡或沉船附件对人体可能造成的伤害。用仰泳的姿势使自己的身体一直漂浮在水面,以节省体力。只有当离海岸或打捞船的距离较近时,才考虑游泳。否则,即使游泳技术再熟练,也不要轻易下水。

二、保护头部,采取一定的措施减缓体热散失

不得已入水后要尽量避免头颈部浸入冷水。头部和手的防护非常重要。在水中可以采取双手在胸前交叉,双腿向腹部屈曲的姿势,这样可以减少与水接触的体表面积,应特别注意保护几个最易散热的部位,即腋窝、胸部和腹股沟。如果是几个人在一起,大

家可以挽起胳膊，身体挤靠在一起以保存体热。

在水中体力不支时如何应对

很多人获救往往缘于最后的坚持。感觉到体力不支时，要想办法保存体力，一定要保持乐观心态，相信一定会有人来救援。

在树上或抱着漂浮物时，为节省体力可以用衣服或鞋带等任何可供使用的东西将自己捆绑在树上或漂浮物上。

用木盆、木板、树木等相对安全的物品逃生时，不要为任何的可能的安全地带而拼命划水，如果不能获救，就会徒然消耗体力。

徒身漂流时，可以用仰卧姿势随波逐流，以节省体力。

不要挣扎胡乱扑腾，要细水长流地将体力释放出来。

第六章　洪水后的应对措施

加强饮用水卫生管理

一、水源的选择与保护

应在洪水上游或内涝地区污染较少的水域选择饮用水水源取水点，并划出一定范围，严禁在此区域内排放粪便、污水与垃圾。有条件的地区宜在取水点设码头，以便在离岸边一定距离处取水。

二、退水后水源的选择

无自来水的地区，尽可能以井水为饮用水水源。水井应有井台、井栏、井盖，井的周围30米内禁止设厕所、猪圈、及其他可能污染地下水的设施。

取水应有专用的取水桶。有条件的地区可延伸现有的自来水供水管线。

三、对饮用水进行净化消毒

煮沸是十分有效的灭菌方法。

在有条件时可采用过滤方法。但在洪涝灾害期间，最主要的饮用水消毒方法是消毒剂消毒。

四、加强供水设施消毒

被洪水淹没过的水源或供水设施重新启用前必须清理消毒，检查细菌学规定的指标合格后方能启用。经水淹的水井必须进行清淤、冲洗与消毒。

先将水井掏干，清除淤泥，用清水冲洗井壁、井底，再掏尽污水。

待水井自然渗水到正常水位后，投加漂白粉，浸泡12～24小时后，抽出井水，待自然渗水再到正常水位后，按正常消毒方法（一吨水加漂白粉4克，如污染较重加漂白粉8克）消毒，即可投入正常使用。

加强食品卫生管理

一、水灾地区需要重点预防以下食物中毒

1. 细菌性食物中毒

常因食用受污染的动物性食品、没有很好冷藏或存放时间过长的熟食(如米饭、蔬菜)引起。

2. 化学性食物中毒

一般因误食有毒物质引起。由于环境的变化和临时居住地条件的限制,农药、亚硝酸盐及其他工业用化学物质易被误食;

3. 有毒动、植物性食物中毒

误食猪甲状腺、肾上腺和含毒的鱼类会引起有毒动物性食物中毒;食用未经充分加热的豆浆、扁豆、发芽土豆或毒磨菇会引起有毒植物性食物中毒。

二、食物中毒的现场处理

1. 病人的救治与报告

病人的急救治疗主要包括催吐、洗胃、灌肠以及对症治疗和特殊解毒药物治疗;食物中毒报告的内容包括发生地点、时间、人数、

典型症状和体征、治疗情况、中毒食物和采取的措施。同时应注意采集病人标本以备送检。

2. 停止食用中毒食品

封存现场的中毒食品或疑似中毒食品,待调查确认不是中毒食物以后该食品才能食用;通知追回或停止食用其他场所的中毒食品或疑似中毒食品;

3. 食物及环境的消毒处理工作

对中毒食品进行无害化处理或销毁,并对中毒场所采取相应的消毒处理。对细菌性食物中毒,固体食品可用煮沸消毒 15 ~ 30 分处理;液体食品可用漂白粉消毒。对病人的排泄物、呕吐物可用 20% 的石灰乳或漂白粉消毒(1 份排泄物加 2 份消毒液混合放置 2 小时),周围环境可用过氧乙酸进行喷洒消毒。化学性或有毒动植物性食物中毒应将引起中毒的有毒物进行深埋处理。

三、加强灾区食品卫生监督管理

灾区的食品生产经营单位特别是水淹过的食品生产经营单位应做好食品设备、容器、环境的清洁消毒,经当地卫生行政部门验收合格后方可开业,卫生行政部门应加强对其食品和原料的监督,防止食品污染和使用发霉变质的原料。

四、开展对预防食物中毒的宣传教育

主要宣传不能食用的食品。这些食品包括:被水浸泡过的食物;已死亡的畜禽、水产品;被水淹过的已腐烂的蔬菜、水果;来源不明的、非专用食品容器包装的和无明确食品标志的食品;严重发霉(发霉率在30%以上)的大米、小麦、玉米、花生等;其他已腐败变质的食物和不能辨认是否有毒的蘑菇等。

加强环境卫生

一、对灾民住所的卫生要求

首先要选择安全和地势较高的地点,搭建帐篷、窝棚、简易住房等临时住所,做到先安置、后完善。其次注意居住环境卫生,不随地大小便和乱倒垃圾污水,不在棚子内饲养畜禽。

二、厕所卫生和粪便处理措施

首先,在灾民聚集点选择合适地点、因地制宜、就地取材,搭建应急临时厕所,要求临时厕所合理布局,做到粪池不渗漏(或用陶

缸、塑料桶等作为粪池)。

其次,尽量利用现有的储粪设施储存粪便。如无储粪设施,可将粪便与泥土混合泥封堆存,或用塑料膜覆盖,在其四周挖排水沟以防雨水浸泡、冲刷。在应急情况下,可于适宜的稍高地点挖一圆形土坑,用防水塑料膜作为土坑的衬里,把薄膜向坑沿延伸 20 厘米,用土压住,将粪便倒入池内储存,加盖密封,发酵处理。也可采用较大容量的塑料桶、木桶等容器收集粪便,装满后加盖,送至指定地点暂存,待水灾过后运出处理。有条件时可用机动粪车及时运走。

再次,集中治疗的传染病病人粪便必须用专用容器收集,然后消毒处理。散居病人的粪便处理措施为:在粪便中投入漂白粉,粪便与漂白粉的比为 5:1,充分搅拌后,集中掩埋;或在粪便内加入等量的石灰粉,搅拌后集中掩埋。禁止将病人粪便倒入溪水中,以防疾病传播。

三、垃圾的收集和处理方法

一是根据灾民聚集点的实际情况,合理布设垃圾收集站点。可用砖砌垃圾池或设金属垃圾桶(箱)、塑料垃圾袋,并由有专人负责清扫、运输,做到日产日清。

二是及时将垃圾运出,选地势较高的地方进行堆肥处理。堆放时需用塑料薄膜覆盖,并在其四周挖排水沟,同时用药物消毒杀虫,控制苍蝇滋生。

三是对一些传染性垃圾可采用焚烧法处理。

四、人畜尸体的处理

对正常死亡者尸体应尽快运出，并进行火化处理。对甲乙类传染病死亡者，应做好卫生消毒，以最快速度运出并火化。对环境清理中清出的家畜、家禽和其他动物尸体应用漂白粉或生石灰处理后深埋。

五、洪水退后的环境清理工作

洪水退后，开展群众性的爱国卫生运动，在广泛进行健康教育的基础上，对水淹地区的村庄和住户进行彻底的室内外环境清理，做到洪水退到哪里，环境清理就搞到哪里，消、杀、灭工作就跟到哪里。

组织清理室外环境。整修道路，排除积水，填平坑洼，清除垃圾杂物，铲除杂草，疏通沟渠，掏除水井内污泥，修复厕所和其他卫生基础设施，掩埋禽畜尸体，进行环境消毒，消除导致疫病发生的危险因素，使灾区的环境卫生面貌在短期内恢复到灾前水平。

凡是水淹地区的住户，水退后首先由专人对原住房的质量进行安全性检查，确认其牢固性，然后打开门窗，通风换气，清洗家具，清理室内物品，整修家庭厕所，修缮禽畜棚圈，全面清扫室内和院落内的垃圾污物。必要时要对房间墙壁和地面消毒。室内和临时居住点带回的日常生活用品要进行煮沸消毒或在日光下曝晒。待室内通风干燥、空气清新后方可搬入居住。

消毒

洪水导致多种微生物混合污染，其中又以肠道致病微生物为主，因此要特别重视食物、饮用水、居住环境的消毒。在消毒方法和消毒剂的选择方面，要求简便易行，价格便宜，供应充足。应设专人负责保护水源和饮用水消毒，同时要搞好环境卫生消毒。对受淹的公共场所房屋要分类作好卫生消毒工作。要有专人负责，做好消毒剂的集中供应、配制和公发工作，做好消毒常识宣传，组织群众实施消毒措施并具体指导，使其正确使用。

传染病控制

一、强化灾区预防性的干预措施

加强环境卫生管理，清除垃圾、污物，掩埋动物尸体，进行粪便和家畜管理，改善居住环境。积极保护水源，开展打井或饮用水消毒工作，使灾民饮用清洁水。

二、控制传染源,阻断传播途径

在某些传染病疫区应有重点地控制传染源,开展自然疫源地的灭鼠活动,在灾民密集的居住地应清除蚊蝇孳生地,有效地控制和消灭病媒害虫。强化食品卫生管理,防止“病从口入”,控制食源性疾病的发生。

三、加强疫情监测,建立疫情报告网络

在洪涝灾害这一非常时期,要特别重视疫情报告及疫情监测,保持疫情监测系统的敏感性,这是做好救灾防病工作的前提。发生传染病疫情,要按“早发现、早报告、早隔离、早治疗”的原则,积极处理疫情。在重点灾区或传染病多发地区设立疫情监测点、严密监视疫情动态。灾区一旦发生重大传染病疫情或暴发不明原因疾病,要按照《突发公共卫生事件应急条例》《突发公共卫生事件与传染病疫情监测信息报告管理办法》等法规的要求,及时反馈信息,及时通报和报警。发生疾病特别是暴发不明原因疾病时,责任报告人应当以最快的通讯方式向当地疾控机构报告疫情(2 小时内进行网络直报,同时以电话或传真等方式报告同级卫生行政部门),以便采取预防决策。同时,加强对流动人口的疫情监测工作,防止疫情的交叉传播。

四、提高人群免疫水平,发挥计划免疫效力

水灾打乱了正常的工作、生活秩序,灾民移动分散,人群免疫水平难以控制。有必要对某些疾病进行疫苗的应急接种和服药预防,有针对性地开展强化免疫和预防服药等,以防止灾区传染病的流行。

五、加强对特殊人群的健康保护,维护灾民身体健康

儿童、老、弱、病、残及孕妇等特殊人群的身体抵抗力差,由于灾害期间过度疲劳和紧张,环境恶劣、营养不良、生活不安定等,他们处于机体内外病因交加之中,极易患病。因此对这类特殊人群应加强预防性保健,控制疾病的流行。

六、大力开展爱国卫生运动

改善临时住地的卫生条件,是减少疾病发生的重要环节。同样还要开展卫生知识宣传教育,提倡不喝生水,饭前便后要洗手,使灾民养成良好的卫生习惯。

媒介生物控制

一、防蚊的主要措施

1. 环境治理。

2. 防蚊驱蚊。有条件的灾区,可在住处装上纱门、纱窗,或使用经药物浸泡过的蚊帐;睡觉前点燃蚊香(或电热蚊香);亦可用市售驱蚊剂涂在身体暴露部位。

3. 室内(帐篷内)、外喷洒药物。如敌敌畏、奋斗钠、三氯杀虫酯等。

二、防蝇措施

1. 清理环境,减少孳生场所。

2. 室内(帐篷内)、外喷洒药物,也可使用粘蝇纸、诱蝇笼或苍蝇拍人工捕蝇。

三、灭鼠措施

洪水期间的临时聚居地属于特殊环境,开展灭鼠时应注意:

1. 多用器械灭鼠，如鼠笼、鼠夹等，但不能使用电子猫，更不能拉电网捕鼠。此时鼠洞较浅，取水方便，还可用水或泥浆灌洞。

2. 慎用毒饵。当鼠密度很高，或人群受到鼠源疾病严重威胁时，则应在组织严密、充分宣传的基础上，开展毒饵灭鼠。

3. 确保人畜安全。不能用熟食配制毒饵，毒饵必须有警告色。投饵工作由受过培训的灭鼠员承担，投饵点应有醒目标记，投饵后应及时搜寻死鼠，管好禽畜，保藏好食品，照看好小孩。投饵结束后应收集剩饵，焚烧或在适当地点深埋。卫生部门要做好中毒急救的准备。为避免鼠死后，离开鼠体的虫类叮咬人，最好在灭鼠的同时，在居住区喷洒杀虫剂。

第七章 奇怪的降雨

为什么会下雨

我们见过毛毛细雨,也见过倾盆大雨。我们见过一些雨下得时间很短,也见过一些雨连绵不断地下上好几天。有时候,天空浓云密布,一会儿大雨滂沱,又一会儿雨过天晴。1998 年 7 月 9 日晚上至第二天凌晨,我国陕西省商洛地区丹凤县某地下了一场特大暴雨,历时 6 ~7 小时,雨量超过 1300 毫米,相当于我国南方一些地区一年降雨量的总和。那么,天空为什么会下雨?这些雨水是从哪里来的呢?

雨是从空中降落到地面的水滴。飘浮在天空中的水有气态、液态和固态,而且它们会相互转化。气态的水叫做水汽。当富含水汽的空气冷却后,其中的不少水汽就会变成液态或者固态。因为随着气温的下降,空气容纳水汽的能力会急剧下降,例如,当一团空气从 30℃降至 10℃时,其容纳水汽的能力要下降三分之二以上。因此，当空气含有比较多的水汽并且受到冷却后，无法被空气容纳的那部分水汽，就会以一些细小的尘粒为核心而发生凝结或凝华，生成小水滴或小冰晶。它们悬浮在空中，便形成了云。这种小水滴或小冰晶会在空中上下运动，相互碰撞。在此过程中，其体积会增大。当上升气流无法顶托它们时，它们就降落至地表。它们若以液态水的形式降至地表，叫做降雨；若以固态水的形式降至地表，则成为雪或冰雹。

根据冷却过程的不同，我们把降雨分成锋面雨、对流雨和地形雨等。

先说锋面雨。当冷暖空气相遇时，它们之间会形成一个与地面有一定倾斜角度的过渡区，人们把它叫做锋面。暖空气因较轻而在上，冷空气因较重而在下。暖空气会沿着锋面向上运动。若暖空气含有较多水汽，则到了一定高度后，因为气温降低而使水汽发生凝结，成云致雨，这样形成的雨叫做锋面雨。每年春夏之交，锋面在我国长江中下游一带徘徊，使该地区形成较长时间的降雨。此时正值梅子成熟之际，故人们把此时的雨叫做梅雨。宋朝赵师秀的《约客》诗中说："黄梅时节家家雨，青草池塘处处蛙。"这正是梅雨景象的生动写照。每年秋季，在我国广大地区上空，经常有冷空气推动锋面向暖空气一侧运动，暖空气被迫抬升，若此时暖空气比较潮湿，则也会因冷却而发生凝结，形成秋雨。由于整个地区锋面过后被冷空气占据，气温下降，故有"一场秋雨一阵寒"的现象。

再说对流雨。在夏日的午后，人们常常经历这样的天气：一开始是烈日高照，人们感到十分闷热。后来天空中出现乌云，天空逐渐变暗。当地面被浓厚的黑云笼罩时，突然会有一阵凉风吹来。此风风速较大，有时还能见到飞沙走石的景象。气温急剧下降，有时降温幅度可达到10℃左右。路上行人匆忙赶路；小贩们忙于收摊；家庭主妇则忙于把晾晒的衣服收回。一会儿，倾盆大雨从天而降，有时还伴有电闪雷鸣。此雨一般下得不长，雨停以后，天空放晴，空气清爽。这就是通常所说的对流雨，也称雷阵雨。为什么会形成这种降雨呢？

在夏日的午后，地面强烈受热，近地层气温升高。由于地表的不均匀性，一些地方的空气比周围地区温度更高。而温度更高的空气很不稳定，遇上升气流或地形抬升便会向上运动。由于高空的空气密度比近地层小，于是，上升的气块会膨胀，对外界作功，从而使其自身温度降低。若上升气块水汽丰富，便会凝结成云，通常形成一种孤立、分散、底部平坦的云。当这种云发展到一定阶段，其厚度加大，常常呈砧状，云内气流上下运动强烈。当下沉气流把高空比较冷的空气带到地表时，便形成了凉爽的大风。紧接着，一场大雨把大地包裹在雨雾之中。这就是夏日常见的午后雷阵雨。

最后，说一说地形雨。在山岭的迎风一侧山坡，我们可以见到另一种的降雨。若气流含有比较多的水汽，则会沿山坡一路上升，逐渐发生冷却凝结，从而成云致雨，这种雨叫做地形雨。印度东北部有一个地方叫做乞拉朋齐，它是世界上降雨最多的地方之一。我国北京的年平均降水量是644 毫米，上海为1124 毫米，广州为1694 毫米，但是，乞拉朋齐的年平均降水量有11000 多毫米，比上述几个城市要多得多。若把乞拉朋齐的年降水量平均分摊到一年中的每一天，则每天的降雨量均超过30毫米，都是大雨。为什么乞拉朋齐如此多雨呢?

这首先是因为乞拉朋齐受到源源不断的西南气流的影响。这西南气流来自广阔的印度洋，带有大量的水汽。其次，乞拉朋齐位于西南气流的迎风山坡，气流在运动过程中受阻于山坡，于是沿山坡抬升，气温降低，大量的水汽发生凝结，形成丰富的降雨。

以上，说了形形色色的雨和多雨地区，那么，世界上什么地方降雨特别稀少呢？在南美洲智利的阿塔卡马沙漠，几年不下一场雨，是一个降水特别稀少的地区。这是因为，这个地区受副热带高气压带的控制，气流下沉，风向与海岸平行，故空气中水汽含量少。加上强大的秘鲁寒流使近地层大气温度降低，使大气层十分稳定，不易形成对流，故降水十分稀少。

我国降水最多的地方是台湾省的火烧寮。据1906年至1944年的统计，年平均降水量达到6557.8毫米，其中1942年达到8408毫米。我国西北地区的塔里木盆地和柴达木盆地降水稀少，年平均降水量不足50毫米。位于塔里木盆地的且末，年平均降水量仅为18.6毫米；另一个地方若羌，只有15.6毫米。

为何“东边日出西边雨”

“东边日出西边雨，道是无晴却有晴”，唐代刘禹锡《竹枝词》中的这两句诗形象地道出了夏季降雨的特点。的确，由于地球下垫面性质差异很大,夏季受热必然不均,接近下垫面的空气的湿度就不一样。温度高的地方,空气上升猛烈,易形成积雨云,从而有降雨的发生,反之则反。所以,夏天出太阳下雨的现象是常有的,即所谓"太阳雨"。当然,"太阳雨"并不会时时出现,夏雨也并不都"温柔有情"。

北宋诗人苏轼在《六月二十七日望湖楼醉书》中对夏雨作过形象的描绘:"黑云翻墨未遮山,白雨跳珠乱人船。卷地风来忽吹散,望湖楼下水如天。"全诗妙趣横生,在展现西湖风光景色的同时,突出地写了夏雨的急狂和阵性。的确,夏季降雨不少都是由于大气热力作用而产生的,所以夏雨常常来势迅猛,并伴有狂风、雷电甚至冰雹。

在我国沿江地区,还流传着"夏雨不过江"的气象谚语。在大江大河流经的地区,常常就会出现这样的现象:江河的一边雨滴如注,而对岸却滴雨未落。这其实也不奇怪,因为夏季积雨云是沿着对流旺盛的地带移动的,在江河表面,空气温度要比陆地低,空气上升、对流较弱,对积雨云的发展不利,江河上的空气就形成了一条阻隔积雨云的"长堤",从而使得含雨量丰富的积雨云不能通过江河。

彩虹是大气中的细小水滴经太阳光折射、反射而形成的弧形彩带。夏雨过后,大气中的小水滴数量较多,所以易形成彩虹,晚唐大诗人李商隐就有"虹收青嶂雨,鸟没夕阳天"的诗句。由于夏日"太阳雨"的出现,表明夏雨有时空分布不均的特点,不下雨的地方,空气水分少,不易形成彩虹。所以,夏雨过后,常常会有"残虹”、“断虹”的出现，南朝张正见在《后湖泛舟》诗中写道：“残虹收度雨，缺岸上新流。”又因为夏季空气温度高，有时一阵雨过后，大气中的水分立刻挥发布匀，所以“虹消雨霁，彩彻云衢”（王勃《滕王阁序》）的现象也是有的。

正因为夏雨过后出现彩虹的可能性较大，所以，1981 年 7 月 29 日，在英国查尔斯王子与黛安娜结婚的大喜日子里，气象学家们别出心裁，用人工增雨的方式使伦敦下了场大雨。大雨过后，气候宜人，并且天遂人愿，伦敦上空出现了巨大的彩虹，为王子的婚礼增添了喜庆色彩，同时也创下了人工影响气候的奇迹。

一分为二看雷电

在地球对流大气层中，每一瞬间都有雷声隆隆，每一秒钟都有近百次雷电奔驰落地，每天有 800 万次闪电释放着大量的能量。在中国各地，年均 40 天以上的雷暴日，每平方千米有 6 次以上的落地雷。

在北京初雷最早是 4 月 6 日，最晚是 5 月 23 日，平均是 4 月 28 日前后初雷；终雷约在 10 月 1 日，最晚是 11 月 3 日，年雷暴日 35.6 天，7 月雷暴日最多，平均 10.8 天。山区雷暴日多于平原，例如：密云、延庆、佛爷顶、古北口年均雷暴日数均超过 40 天。

事物总是一分为二的，雷电也不例外。它能危及生命财产安全，也能带来贡献。

雷电是一种无污染的能源。它一次放电能达1亿~10亿焦耳。中国成语中就有“雷霆万钧”一词。利用这种巨大的冲击力，可以夯实松软的基地，从而为建筑工程节省大量的能源。根据高频感应加热原理，利用雷电产生的高温，可使岩石内的水分膨胀，达到破碎岩石、开采矿石之目的。

雷电能治病。每场雷雨过后，空气中的气体分子在雷电场的作用下，会分离出带负电的负氧离子。研究人员测试表明，雷电过后，每立方厘米空气中的负氧离子可达1万余个，而晴天里的闹市区，负氧离子仅几十个。实验表明，被称作“空气的维生素”的负氧离子，对人体健康很有利。医疗专家模拟雷电的神奇作用，将负氧离子引入病房，结果发现，当室内空气中的负氧离子的比例调控在9比1之时，对气喘、烧伤、溃疡以及其他外伤的治疗有促进作用，可使居室内细菌、病毒减少。同时，对过敏性鼻炎、神经性皮炎、关节疼痛等病症均有一定的疗效。

此外，雷鸣电闪时，强烈的光化学作用，还会促使空气中的一部分氧气发生反应，生成具有漂白和杀菌作用的臭氧。伴随着雷电的上升气流，可将停滞于对流层下面的污染大气携带到10千米以上的平流层底部。

它还可以制造氮肥。发生雷电时，大气中的闪电通道可达到几千米长，温度极高，有大量的二氧化氮。生成的二氧化氮溶解雨水中，变成浓度不高的硝酸，落入土壤中，又和其他物质化合变成硝石，这是大自然对人类无偿的恩赐。

雨雪量多少

天气预报节目中的小雨、中到大雨、暴雨等气象名词，所对应的降水量，是根据一定的时间内（一般为24小时）从云中降落到水平地面的液态水或固态水的量来划分的，降水量的单位均用毫米来表示，如5毫米降水表示降落到平地面上的水有5毫米厚度。

小雨，对应的24小时降水量为0.1~9.9毫米，小雨到中雨为5.0~18.9毫米，中到大雨为17.0~37.9毫米，大雨为25.0~49.9毫米，大到暴雨为38.0~74.9毫米，暴雨为50.0~99.9毫米，100毫米以上为大暴雨。250毫米以上为特大暴雨。

小雪为0.1~2.4毫米，中雪为2.5~4.9毫米，大雪为5.0~9.9毫米，大于10.0毫米以上为暴雪。此外，还有用“阵雨”、“阵雪”、“雨夹雪”、“冻雨”等预报用语的，但在量级上不能与前面有矛盾。

什么是雾、霭、霾

在日常生活中，人们通常用雾、霭、灰霾等词来形容空气湿度较大，并且能见度较低时的天气状况。然而雾、霭和霾这三个表示天气现象的词其实具有不同的含义。

雾是气温低于露点时,接近地面的空气中水汽凝结而形成的,如果雾升高离开地面就变成了云。它是一种由大量水滴或冰晶微粒组成的乳白色的悬浮体系,空气相对湿度接近100%,在工厂附近等悬浮颗粒物浓度较大的地方,则会呈现出土黄灰色。雾的产生会使空气的水平能见度降低,据此又可以区分为轻雾、雾、大雾和浓雾。轻雾通常在早晚产生,水平能见度在1千米~10千米;雾的能见度在0.5千米~1千米;大雾的能见度在100~500米;浓雾时能见度小于100米。

霭在汉字字典中的解释是云气和轻雾,在气象学中则指的是气体中悬浮有微小水滴的现象。当霭出现时,水平能见度一般比雾出现的时候要高,通常在10千米以上。由于目前城市空气中悬浮颗粒物较多,提供了大量的水汽凝结核,因而霭出现的也较多。据报道,深圳市一年当中有100多天都出现了霭这种天气现象。但是霭是一个不大严格的概念,因而在气象学中较少用到。

霾这个字在史书中是用来表示有风沙的天气的,有"风而雨土为霾"之说。在气象学中霾是一种天气现象,是指大量极细微的干尘粒均匀地浮游在空中,使水平能见度小于10千米的空气普遍混浊的现象,霾可使远处光亮物体微带黄、红色,使黑暗物体微带蓝色。当水汽凝结加剧、空气湿度增大时,霾就会转化为雾。霾的形成与污染物的排放密切相关,城市中机动车尾气以及其他烟尘排放源排出粒径在微米级的细小颗粒物,停留在大气中,当逆温、静风等不利于扩散的天气出现时,就形成霾。

总的来说,在出现上述三种天气现象时,空气都比较混浊,颗

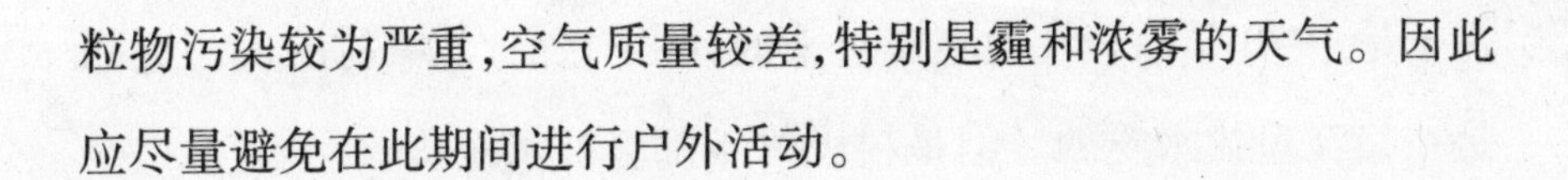

粒物污染较为严重，空气质量较差，特别是霾和浓雾的天气。因此应尽量避免在此期间进行户外活动。

揭开怪水之谜

原本清亮的水，放置时间稍长一些，或者烧开后，就会变的又黄又浑，这是江西南昌县刘家村里出现的稀奇事。人们将这种水称为“怪水”。

江西南昌县的刘家村是一个离赣江不远的小村庄，和其他村庄一样，这里村民的生活用水都是来自家里的压水井，只需要在自家的压水井里倒上一瓢水，紧压几下，就会引出无穷无尽的水。

可是，长久以来，刘家村的井水就有着令人不解的奇特现象，这里的村民甚至把它称作怪水。据村民介绍，这些水刚压上来的时候看着很清亮，可是只要放得时间稍微一长，或者是烧开之后，它就会变得又黄又浑。

然而，变黄仅仅是怪水的特殊现象之一。当人们把普通的茶水倒进刚刚从井里压上来的生水中时，水的颜色则会发生更加令人难以置信的变化，茶水会立刻变黑。

村民们还说，这里的水不仅仅能够变色，而且还有很大的异味。其实，早在 20 世纪 70 年代，怪水已经成为村民心中挥之不去的阴影。

村民吴大毛早在 20 世纪 60 年代就落户在刘家村。据他回忆，村子是1970年从赣江边上搬过来的,搬迁之前,刘家村的人一直都是在赣江里挑水吃的。但是村民每年都会被水淹。

后来村子搬迁了,不再担心被水淹了,可村民们的生活用水却成了问题。于是,人们决定挖上两口井,来解决全村人的饮水问题。可没想到一挖却挖出了这种古怪的水。

当时,这突如其来的怪现象让村民们都大吃一惊,怎么这清澈的井水,打上来不一会儿就变得又黄又浑了呢?

4次挖井,结果挖出的都是令人匪夷所思的怪水,这让村民们最终放弃了打井的念头。他们填了水井,重新挑上扁担,继续到赣江边上去挑水,来做生活之用。这样的情况过了两年后得以好转。刘家村的村民尝试用沙子将怪水进行过滤,每家每户的压水井旁都会安置一个装沙子的池子。令人惊讶的是,过滤之后,怪水居然真的不再变色了,味道也好了一些。从那之后,村民们就开始喝起了这种过滤后的井水。

据了解,刘家村里村民用来取水的水井都不足20米深。这样的水井压出来的一般是储存于地下沙砾层的水。由于这一层地质比较疏松,又离地表较近,所以这层的地下水也很容易受到一些地表污染物渗透的威胁。那么,会不会是村子周边某个工厂的污染物渗透到了地下呢?

据了解,南昌县是一个农业大县,基本上没有工业,龙镇这一块工业污染是可以排除的。那是否还有其他污染源呢?

很快,人们想到了村子附近的赣江。刘家村距离赣江不足600米,当赣江涨水时,这里的水井也会自动出水。由此也可以推断,假如赣江受到了污染，那么这里的村民从井里压出来的地下水，也必然会受到影响。难道是这个原因导致了怪水的产生？

不过，南昌市内的居民饮用水也同样是来自于赣江，那么可以肯定的是，假如是赣江江水遭到污染的话，有关部门应该会马上监测到，并且必然会迅速采取解决措施。所以，对于怪水是由赣江污染所导致的这一推测，显然是不能够成立的。

有专家推测，怪水现象，可能是由于地下水里富含铁离子所致。

刘家村怪水里的铁锰究竟是从何而来呢？

专家解释，怪水之所会变红，是因为水里的 2 价铁离子被氧化成了 3 价铁离子，这样它就会从水中淅出来，容易形成铁锈色的絮状沉淀物。

而怪水遇茶水变黑是因为茶里面含有大量的鞣酸，这个鞣酸和水中的 2 价铁离子会发生反应，最终生成蓝黑色的鞣酸亚铁。可是这些水中的铁离子又是从哪儿来的呢？

刘家村属于赣江的河流下游，根据地质学的研究表明，在很多河流的下游以及湖滨地区的泥土里面，会有像铁沙子一样的铁锰结核。这些地区，由于它地势比较平缓，河塘、湖汊也会比较多，往往会形成含有较多有机质的淤泥土层，淤泥里还有很多的有机质。这些有机质，在一些厌氧细菌的化学分解下，就容易产生一种酸性环境，铁锰结核在这样的环境中，就会很容易溶解。而这种溶解铁、锰的水，渗透到沙砾层的地下水里之后，就会将地下水污染，最终形成了刘家村的那种怪水现象。

那么这样的水究竟能不能喝？它对人体又到底有没有危害呢？检查人员在村里分别对未过滤的以及过滤后的井水都进行了取样，希望能够对这些怪水进行一个比较全面的检测。

开始的几项检测都很顺利地通过了，微生物和钙都在正常范围之内，但是当工作人员对铁、锰含量进行检测时，却发现了令人震惊的现象。

未过滤的水中，铁超标了12倍到42倍，过滤以后水中的铁基本上就属于正常范围了。未过滤的水中锰超标了17倍到52倍，过滤以后仍旧超标5倍到25倍，这也是过滤后的水仍然还有怪味的原因。那么这样的水，对人体会不会有什么危害呢？

疾控中心的工作人员解释，长期饮用含铁、含锰过高的水，对健康会有一定的影响。但至于究竟是一种什么样的危害，或者是危害到一个什么程度，这可能还要经过深一步的调查。

智利大海啸

有时候，自然灾难是人类无法左右的。智利大海啸就是一个典型的例子。

根据现代板块结构学说的观点，智利是太平洋板块与南美洲板块互相碰撞的俯冲地带，处于环太平洋火山活动带上。特殊的地质结构，造成了它位于极不稳定的地表之上，自古以来，火山不断喷发，地震接二连三，海啸频频发生。

有人说，智利是上帝创造世界后的“最后一块泥巴”。或许正是这个缘故，这里的地壳总是不那么宁静。20 世纪 60 年代，厄运又笼罩了这个多灾多难的国家。一天清晨，在智利的蒙特港附近海底，突然发生了世界地震史上罕见的强烈地震。震级之高、持续时间之长、波及面积之广均属少见，在前后一个月中，共先后发生不同震级的地震 225 次。震级在 7 级以上的竟有 10 次之多，其中 8 级的有 3 次。

地震刚发生时，震动还比较轻微，大地只是轻轻地颤动着。和以往不同的是，它连续不断地发生。接着震级一次高于一次，震动越发剧烈。仓皇之中，人们东倒西歪，摇摇晃晃跑到室外。

然而，连续两天持续不断的震荡，使人们产生了不以为然的麻痹情绪。由于地震持续时间较长，而且破坏程度不大，人们不像开始时那样惧怕了，有人甚至搬进了破裂的屋子。当然也有相当一部分人担心更大的地震即将来临。

忽然，响声震耳欲聋。地震波呼啸着从蒙特港的海底传来。不久大地便剧烈颤动起来。一会儿，陆地出现了裂缝；一会儿，部分陆地又突然隆起，好像一个巨人翻身一样。瞬间，海洋翻滚，峡谷呼啸，海岸岩石崩裂，碎石堆满了海滩……

这次地震，是世界上震级最高、最强烈的地震，震级高达 8.9 级，烈度为 11 度，影响范围在 800 公里长的椭圆内。大震过后，引发了大海啸。海啸波以每小时几百公里的速度横扫了太平洋沿岸，把智利的康塞普西翁、塔尔卡瓦诺等城市摧毁殆尽，造成 200 多万人无家可归。

孟加拉国特大水灾

水灾是自然灾害的一种,孟加拉国所处的地理位置使它频频遭受水灾的袭击。

孟加拉国位于孟加拉湾以北,属于恒河平原的东南部,其西为东高止山脉,东为阿拉干山脉,北为喜马拉雅山脉。境内有河流230条,每年的河水泛滥都使孟加拉国蒙受巨大的损失。加之这里地处季风区,印度洋上吹来的西南季风带着温暖而又饱和的水汽向低压区冲来,当受到山脉的阻挡时,就会立即降雨。这就使得地势平坦低洼的孟加拉国难逃水灾的侵袭。

20世纪80年代,孟加拉国经历了有史以来最大的一次水灾。连日的暴雨,狂风肆虐,这突如其来的天灾,使毫无准备的居民不知所措。短短两个月间,孟加拉国64个县中有47个县受到洪水和暴雨的袭击,造成2000多人死亡,2.5万头牲畜淹死,200多万吨粮食被毁,两万公里道路及772座桥梁和涵洞被冲毁,千万间房屋倒塌,大片农作物受损,受灾人数达2000万人。水灾给人民带来的不仅是贫困、饥饿,同时也孳生了大量的细菌。各种疾病在受灾区流行,约有80万人染上痢疾,近百人丧生。这无疑又使孟加拉国人民的生活雪上加霜。

水灾的发生,加剧了人民的贫困程度,联合国就此展开了两项粮食供给计划。仅一项计划的实施每年就要耗资2000万美元。

这样巨大的损耗却仍未得到政府的重视。大自然虽有其不可抗拒的力量,但通过有力的预防措施可使其破坏程度降低到最低限度。孟加拉国灌溉、水利发展和防洪部长阿尼斯·伊斯拉姆·马哈茂德在事后说道:“如果我们和印度、尼泊尔能在有效利用本地区水利资源,即在冬季增加河水流量,在雨季控制洪水这些问题上达成协议的话,我们本来可以减轻洪水灾害的严重程度的。”是啊,如果这些早点实现,数以千万的人民就不会无家可归。

第八章 大洪水与诺亚方舟

在远古人类流传下来的许多不朽的神话中,“大洪水”是最为悲壮的一幕。其水势之浩大,地域之广阔,破坏力之强烈,在世界各民族中留下了惨烈的记忆。

没有一个神话,能像“大洪水”那样,得到如此众多的世界各民族的广泛认同;也没有一个神话,能像“大洪水”那样,在世界各个民族的长期流传中,保持如此深刻的一致。

有趣的是,几乎所有的民族都把大洪水当做自己民族的开端—民族起源、生存和发展的起点。在大洪水之前,一切都浑浑噩噩,蒙昧无知;而在大洪水之后,各个民族都像雨后春笋一样,从远古的迷雾中冒出,有声有色地登上了历史舞台。先是英雄勇士,然后是帝王将相,然后是才子佳人……

从这个意义上来讲,“大洪水”是人类文明的催化剂,是人类从洪荒时代向文明时代转折的起点。

尼尼微泥板

最早的洪水传说保存在尼尼微泥板上。

1850年,英国的业余考古学家亨利·莱亚德爵士在两河流域发掘了亚述王国的首都尼尼微,同时出土了24000多片破碎的黏土书版,上面镌刻着怪异的钉头文字。经过艰苦的解读,揭示出一段引人注目的洪水故事。

故事说,远古时代的人类触犯了天神,大护法神恩里尔决定发动一场洪水来消灭人类。水神艾亚是人类的朋友,他把这场灾难预先告诉了一个名叫乌纳皮斯汀的正直的人。

拆掉你的房子,建造一艘船,抛弃所有的财物,赶快逃命去吧!……听着,赶紧拆掉房子,依照一定的尺寸,按均衡相称的长宽比例建造一艘船,将世界上所有生物的种子储存在船中。

他对着一堵芦苇房的墙壁,反复地向乌纳皮斯汀叙述关于洪水的警告。

芦苇房呀,芦苇房!墙,墙!噢,听着呀,芦苇房!噢,听清楚呀,墙!……快拆掉房子,造一条船吧!

乌纳皮斯汀不敢怠慢,立刻动手建造了一艘大船。

那个可怕的日子终于来临了。破晓时分,天际涌现出一堆乌云;风暴之神阿达德策马驰骋,铁骑过处传出阵阵雷声。风暴之神将白昼转变成黑夜,摧毁大地如同敲碎一只杯子。一团黑雾昏昏暗暗，把空荡荡的天空塞满……

头一天，风暴席卷整个大地。四处引发山洪……天地间一片漆黑，伸手不见五指。众神也吓得仓皇撤退，纷纷逃奔到天神阿奴居住的天宫，蹲伏在宫殿四周，瑟缩成一团，有如一群受到惊吓的小狗儿……

一连六天六夜，暴风不断吹袭，波涛汹涌，洪水淹没了整个世界。暴风和洪水同时发威咆哮，有如两支对阵交锋的军队。

第七天黎明，南方刮来的暴风终于平息，海面逐渐恢复宁静，洪水开始消退。放眼瞭望，只见大地一片死寂。大海一望无际，平滑得如同屋顶的平台。地球上的生灵全都葬身水中……

乌纳皮斯汀一家活出来了，他们就成了新一代人类的祖先。

据考证，这批泥版是公元前700多年的制品。几十年之后，另一批记载大洪水的泥版在乌尔发掘出来，它的制作时间更早，大约是公元前3000年。

印度也有一段大洪水神话，主人公叫摩奴。摩奴曾经救过一条鱼，这条鱼把大洪水的消息告诉了他，叫他准备一条船，并且带着他逃过了这场灾难。后来洪水渐渐消退，地上的万物和所有的生灵都被这场大水冲刷掉了，只有摩奴一个人活着。一年之后，水里冒出一个女人，自称是“摩奴的女儿”，摩奴便娶她为妻，生儿育女，他们便成了人类的祖先。

中国神话传说的主人公是一对兄妹，男的叫伏羲，女的叫女娲。当铺天盖地的大洪水来临的时候，他俩躲在一个空心葫芦里，随波逐流，活出了性命。后来，他们结成了夫妻。一年之后，女娲生下了一块石头。他们生气了,把石头敲得粉碎,从昆仑山顶撒到山下。啊!奇迹发生了:跌落在山里的,变成了飞禽走兽;跌落在水里的,变成了鱼虾;跌落在平川旷野的,就变成了人。从此,天下又有了生灵万物。

远隔重洋的印第安人,也在他们的神圣经典《波波武经》里记载了一场洪水故事。故事说,天神们开天辟地之后,用木头雕制成了一批人。终于有一天,这些木头们失去了天神的欢心。

于是,天神们发动一场大洪水,波涛滚滚,淹没了这批木头人……大地一片阴暗,黑雨倾盆而降,昼夜不息……木头人一个个被砸碎、摧毁、支解、消灭。

但是,两个被称作"大父和大母"的人,逃过了这场灾难,重建了灾后的世界,成了世世代代人类的祖先。

此外,还有埃及的、希腊的、罗马的,以及遍布于南美和北美土著部族中的洪水传说。至于《圣经》中的那段著名的"诺亚方舟"的故事,则早已传播得家喻户晓。

总之,在人类的远古记忆中,这场大洪水的浪涛扩散得非常遥远,非常辽阔。有关专家估计:全世界已知的洪水传说不少于2000则。安德礼博士从中抽出86则进行了分析研究,结果发现,其中有62则是各自独立形成,与苏美尔及希伯来文化传统没有任何关系。

记忆,还是臆测?

除了传说,还是传说。

这场弥漫世界的大洪水,是一段来自远古的残存的记忆,还是后世子孙虚妄的臆测?难道,在它恣意践踏的广阔大地上,竟没有留下一点儿痕迹?

随着科学技术的进步,证据逐渐显露出来。

第一,是高山作证。

在被认为是诺亚方舟停靠地的亚拉腊山海拔3000米处发现了贝壳,这表明,这些海洋群族曾经在这里生活;在海拔2500米处发现了盐块,这是积存的海水慢慢晒干的结果;而那些同大西洋底相同的“枕状溶岩”,则表明这里曾经是海洋,从海面上喷出的火山熔岩,在一定时期内曾经沉入这里的海底。

世界上的许多高山都发现了数量庞大的动物骨堆,其中包括鲸鱼的骨骼。在威尔士及英格兰南部丘陵地带的冰裂缝里,满满地堆积着鬣狗、河马象、北极熊,以及我们更为熟悉的许多动物的碎骨;在瑞士的阿尔卑斯山上,到处是鳄鱼、巨大的鸵鸟和白熊的骨骸。

地球上所有大陆,都发现了海栖动物、极地陆栖动物和热带动物骸骨混杂的现象。专家们认为,除了洪水,一场铺天盖地的洪水,使他们慌不择路之外,有谁,能把这生活习性各异的动物,麇集在高山之上，举行这场惨绝人寰的“死亡庆典”呢？

第二，是大海作证。

20世纪60年代到70年代初，美国的两条海洋探险船分别从墨西哥湾底部钻出了几条细长的沉积泥芯，里面裹着一种微小的单细胞浮游生物的甲壳。海水的温度和含盐量，都准确地反映在这种被称为“有孔虫”的甲壳里。分析结果表明，曾经有大量淡水涌入墨西哥湾。迈阿密大学的地球化学家斯蒂普用放射性碳测定，这场大洪水涌人的时间大约是11600年前。

海滨沙滩，是应该出现在海岸线附近的。人们多次在高山和大海深处发现海滨沙滩遗迹，这说明，大水曾漫涨到高山之上，或者说，时至今日，它还没有完全退出它所吞噬的地域。

此外，人们在地中海海底、非洲大陆沿岸海底、亚速尔群岛和马德拉群岛附近的海底，以及古巴和巴哈马群岛附近的大陆架，都发现有沉入海底的城市遗址。一个巨大的、像人工建造的墙壁，沉到了2000米深的深海处，一直延伸到秘鲁洋面下的那斯卡海沟。

第三，大地作证。

大洪水在大地上制造了许多短暂性的湖泊。例如，西半球最大的冰河湖泊亚格西兹湖，面积曾一度广达11万平方公里，涵盖了今加拿大的马尼托巴省、安大略省和萨斯喀彻温省，以及美国的一部分地区，但是，它维持的时间不到1000年。这表明，洪水来了又去了，大地又恢复了正常秩序。

乌尔是苏美尔古代的重要城市，它繁盛于公元前3000年左右。英国考古学家伦纳德·伍利在远离地面约10米深处，发掘出了建立于大洪水之后的第一王朝的王陵。

伍利爵士相信，苏美尔文化不会凭空而来，在第一王朝之前，一定还存在一个高度发达的文明社会，于是他继续向深处发掘，下面是沉积的细软河泥层，再挖 3 米之后，又出现了新石器时代晚期的燧石工具和陶瓷碎片。怎样来解释这 3 米厚的沉积层呢？用他妻子的话来说：

“这当然是那场大洪水的遗迹了。”

有关专家估算，淤积泥层厚达 3 米，洪水水深至少要达到 10 米以上，而且要在这个高度保持相当长的一段时间。

特洛伊的考古发掘也是一个奇迹，人们在一座不高的土丘上向下挖去，挖出一座城市，下面还有一座城市，重重叠叠，总共有九层之多。怎样来解释这一现象呢？人们不可能把一座好端端的城市用泥土填封起来，在上面再建城市。唯一的解释只可能是：一次次的大水，冲刷掉了一座座城市，后人在沉积的泥层上再建城市。如果上面的城市是毁于区域性洪水的话，那么最下层的，就可能是人类最早记忆中的大洪水了。

大灭绝的罪魁祸首

伴随着大洪水的，是一场惨绝人寰的大灭绝。

据统计：从公元前 15000 年到公元前 8000 年之间，西半球有 70 多种大型哺乳动物遭遇到灭绝的厄运，其中绝大部分是在公元前

11000～公元前9000年这短短的2000年时间内被消灭的。而在这之前的30万年的漫长时间中，整个地球上消失的动物不过20种。

在西伯利亚，冰冻的“巨象坟场”，从罗马时代以来，一直是象牙商人的开采基地。据估计，仅20世纪最初10年，从这里开采出的象牙达20000对。

天翻地覆，到处都留下了大动乱的证据。地球成了一个血淋淋的大屠场。

欧洲的大角鹿、洞熊、野牛、大种狼灭绝了！

南美的马、象、狮子、大树懒、雕齿兽灭绝了！

东南亚的30种象，以及除了两种犀牛之外的所有犀牛，都灭绝了！

是谁制造了这场特大洪水，主宰了这场无情的屠杀呢？

第一种，有人认为：大洪水是海啸引起的，而海啸的起因又是陨石撞击。据估算，一颗直径几十米的小陨石，可以发挥出相当于广岛原子弹爆炸的威力，一颗直径几百公里的大陨石，其威力则可以毁灭整个人类。地球上发现过许多直径超过100公里的陨石坑。最大的陨石坑在捷克，直径达320公里！

陨石坠落的结果，将使地壳变形，导致地壳漂移，引发地震和火山爆发，海啸将以“浩浩汤汤”之势席卷全球；撞击爆炸的热量将使阿拉斯加冰层融化，冰川解体，海水猛涨，于是，洪水淹没了全世界的平原和高山。

第二种，也有人认为，大灭绝是由地震和火山爆发引起的。

许多灾难神话都提到了那个气候酷寒、天空阴暗、含沥青的炽

热黑雨倾盆而下的时代。在西伯利亚、阿拉斯加的“死亡圈”里，一层层火山灰散布在软泥中，覆盖着成堆的骨骼和象牙。可见，物种大灭绝和火山大爆发是同时发生的。

一起沉陷在洛杉矶拉勃里亚焦油坑里的动物遗骸，有野牛、马、骆驼、树懒、巨象、乳齿象和至少700只剑齿虎，还有人的骨骼和已经灭绝的兀鹰的骨骸。

圣皮德罗河谷挖掘出来的乳齿象，四肢仍然挺立着，但全身被厚厚的火山灰和泥沙包裹得严严密密。

第三种，也是最古老而又最广泛的一种说法是：天神惩罚。

几乎所有的洪水传说中，都有一位想要灭尽人类的万能的天神：出现在苏美尔泥板上的是大神恩里尔，出现在《圣经》中的是上帝，出现在中国故事里的是雷神爷，出现在希腊传说里的是宙斯，出现在罗马传说里的是朱庇特，在美洲的《波波武经》里，就径直把他称为“天神”……

几乎所有的大洪水传说，都是一个惩罚故事。人类的堕落或者不敬，触怒了天神，天神便以他万能的权威对人类施行惩罚。然而总有一对男女侥幸得救，繁衍出新的人类，他们便成了当今人类的祖先。

这些传说大都在本民族的范围内独立形成，然而在情节上又是如此惊人的一致，这使得我们不得不怀疑，这段遍及全球各个角落的故事，本来就是一段历史的真实！它是人类各民族的共同的记忆。

于是，就有人大胆假设：来自天外的智慧生物，对地球上已有的生物进行了一次残酷的筛选,在留下一些优良品种之后,把其余的全部淘汰,彻底消灭,就像我们进行某种生物实验时所做的那样。

经历了大洪水、大灭绝这场血和火的洗礼之后,现代人类才开始茁壮成长。

这个假设正确吗？许多敢于标新立异的科学家们正在求证。

人类对“大洪水”真实性的不懈探索,突出地表现在寻找诺亚方舟的一连串的故事里。

诺亚故事

根据《圣经·旧约全书·创世记》记载:上帝看到人类越来越放纵不羁和不图进取,而且犯下许多不可容忍的罪行,于是,便想以一场巨大的洪水毁灭人类。

诺亚是一个正直善良和笃信上帝的人,上帝对他说:“念你善良纯朴,与众不同,所以我决定帮助你和你的家人,你要用歌斐木造一只方舟,带上各种动物,每种一公一母,躲进方舟。然后,天将降下 40 天倾盆大雨。”

诺亚按照上帝的意思,建造了一座长 300 米,宽 50 米,高 30 米的方舟。他和妻子以及他的三个儿子、三个儿媳都住进了方舟,他又把成双成对的鸟、兽、昆虫分门别类地关进舱里。

在接连 40 天的倾盆大雨里,人类居住的地方都被淹没了,方舟从地上漂起来，在水面上漂来漂去。好多好多的高山都淹在水里，地上有血肉的动物，就是飞鸟、牲畜、走兽和爬在地上的昆虫，以及所有的人都死了。诺亚的方舟在一片汪洋之中漂到了亚拉腊山山顶。

再后来，雨终于住了，洪水慢慢消退，诺亚方舟便停留在亚拉腊山上。

诺亚想知道洪水后的世界到底怎么样了，便放出了鸽子。

第一次，鸽子飞回来了，因为洪水还没有消退，鸽子无处停留；第二次，鸽子仍然飞回来了，嘴里含着橄榄枝嫩芽，表明洪水已经消退，树枝长出了新芽；第三次把鸽子放出去后，鸽子再也没有回来，这表明，洪水已经退净，大地已经复苏，一场崭新的生活正在开始。诺亚一家及所带动物便从方舟出来，重新创建洪灾劫后的世界。

为了纪念这场劫后新生，后人便把鸽子和嫩橄榄枝看成和平的标志，而诺亚所造的方舟，便永远地停在亚拉腊山上了。

诺亚方舟的故事，发生在公元前4000年左右，距今约6000年。现代科学证明，这一时期是第四纪全新世多雨的大西洋期，可能产生过巨大的洪水。

上下而求索

最早寻找诺亚方舟的是一些虔诚的基督教徒，但他们没有得到任何结果。后来，一些探险家也加入这一行列。1792年，1850年，1876年，探险家们多次登上亚拉腊山山顶，但仍然是一无所获。

取得突破性进展的时刻在1883年。当时，一次大地震使亚拉腊山脉的一个地段裂开了，开裂处露出了一条“船”。当时，有一个在亚拉腊山区考察和评估地震灾情的委员会，这个委员会的所有成员都亲眼看到过那条大船。

据说，船身有12～15米高，有的人还走进了木船的船舱。因为木船的大部分还嵌在冰川里，无法估计它的长度。

这个消息震惊了当时的世界。

1916年，第一次世界大战期间，俄国飞行员罗斯克维斯基在飞越亚拉腊山时，发现山顶上有一个巨大的船体，他联想到“诺亚方舟”的故事，便立即拍下了它的照片。

他说：“我们在飞机安全允许的范围内，尽可能地降低高度，飞近那艘奇怪的船只，绕着它盘旋了几圈。当我们在飞行中观察它时，我们惊奇地发现，这只奇怪的船简直是一个庞然大物，足有城市中的一条大街那么长，也可以与现代化的战舰相媲美而毫不逊色。”

后来，他把此事报告了俄国政府，政府马上派出两个连的兵力去寻找方舟。一个月后，他们找到了方舟，并且进行了全面的测量，拍摄了大量的照片。

20世纪40年代，一位土耳其的飞行员也在飞机上拍摄到了一张方舟照片，测出的船体长度是150米，宽50米。

遗憾的是，这些照片和测量始终没有获得最后的确认。人们按图索骥,上山寻找,也没有找到方舟的下落。

那巴拉和他的歌斐木

1955年,法国探险家那巴拉带领着12岁的儿子拉斐尔,冲破重重阻碍,从亚拉腊山西侧进入了山区。他们在严寒的山顶度过了可怕的四个昼夜,经受了狂风暴雪的袭击。有一次,那巴拉被飞石击中,掉进充满积雪的冰洞,他在洞中呆了13个小时之久。为了不让自己冻僵,他不得不在洞里疯狂地跑跳。

在一个风和日丽的时刻,那巴拉在一处深达八九米的冰缝里,发现了一道由尘埃堆积所形成的冰封的线体,他接受了儿子拉斐尔的建议,砸开冰层,看看那道冰线下面掩盖的到底是什么?不久,一段被平平整整地截断的木材呈现在他们眼前。很明显,它是经过手工加工的,似乎还同什么东西连在一起。那巴拉认为,这段木材就是船梁,同它连在一起的就是船体。

那巴拉同他的儿子费尽了气力,才从那道横梁上截下一段长约1.5米左右的木片,为了把这段木片顺利地带出土耳其国境,那巴拉又把它分成三段,分别装进三个行李包里。

那巴拉首先把它带到了考古经验丰富的埃及。开罗博物馆考古学部对这些木片进行了科学鉴定,得出的结论是惊人的。这块木料的确是"歌斐木",年龄在5000~6000年之间,这与《圣经》中记载的方舟年龄完全一致。

这个结果又一次地轰动了世界。

那巴拉很快成为了世界名人。他们把这块木头带到德国、法国、西班牙和埃及展出，随后又用放射性元素碳14对这段古老的歌斐木进行了测定，大多数学术机构认定，它的确是四五千年以前的物品。

“山体方舟”

1959年，土耳其空军对亚拉腊山进行了空中测量，在他们拍摄的许多照片中，意外地发现了一处不同寻常的地形。

这是一处平滑的、长椭圆形的山丘，边远部分隆起；而它的周边地区，全都是冰川和浸蚀谷地。

土耳其空军司令部的一名负责照片分析的大尉经过仔细分析后认为，这个椭圆形的山丘很像一只船，四周隆起的部分就像船舷。他很快就联想到了“诺亚方舟”，尽管它坐落在亚拉腊山以南约27公里的地方。

“神”对诺亚曾经说过：“方舟要做成长300米、宽50米、高30米。”老实的诺亚当然会一丝不苟，按照“神”的指示办事。

土耳其的工兵部队对这段奇妙的地形进行了为期两天的测量，这座“山体方舟”长约150米，中间最宽处约45米，“船舷”高约14米。这与《圣经》记载的数字大体一致。

由于“方舟”内部充满了沙土，并且被熔岩覆盖，“船舷”有可能向两边裂开，所以，“山体方舟”比《圣经》的记载宽出了许多。

不久之后，一支美国探险队奔赴现场，他们没有足够的耐心进行细致地发掘，只是简单地在这个船形结构的侧边用炸药炸了一个洞，发现了一些木材形状的石块，他们的结论是“没有任何考古学价值”，因为，这些木材状的石块上没有年轮。

但是，这个结论立即遭到了反对。反驳者说，大洪水之前没有季节变化，没有年轮才是当时木材的本来面貌。

1960 年，一支由具有国际影响的科学家、研究专家、记者、实业家组成的调查队，对这座“山体方舟”进行了调查，再一次地证实了山丘尺寸同《圣经》的记载大体一致。

1984 年，“国际探查协会”会长斯坦芬兹率队探查后认定：这个石化了的“船体地形”，就是真正的“方舟”。

迪布德·法索尔德

迪布德·法索尔德是美国的一名经验丰富的潜水员和打捞员，长期以来，他所从事的就是使用断面扫描水下雷达来确认沉船的工作。尽管他习惯于在水下作业而不是山上，但他仍然说，不管是水下还是陆地，“只要看上一眼，我就知道出现在眼前的是不是一条船”。

朱迪亚山位于亚拉腊山以南 300 千米。1985 年 3 月，法索尔德携带着最先进的“分子振荡扫描仪”对那座神秘的山丘进行了扫描。扫描仪显示:山体里每隔40厘米就有铁的成分,很有规律,如果把这些金属点连接起来,形成清晰的横线和纵线,正好勾勒出一只巨型船体的轮廓。船体有九个隔档,这也同古老的巴比伦传说吻合。

在同一地区,法索尔德还找到了11块古代航海者常常使用的压舱石。

“如果不是诺亚方舟,”法索尔德理直气壮地反问,“这些用于航海的压舱石,怎么会出现在亚拉腊山群山之中呢?”

法索尔德继续解释说,《圣经》里的“亚拉腊山”使用了复数形式,因此,它是一个比较宽泛的概念,泛指亚拉腊山区。而《古兰经》第10章第44节却是明确写道:

(那时天命降临)道:“大地啊!吸掉水吧,苍天啊!止住(雨吧)!”水降低了,大事已定了。方舟停泊在朱地山。(天命)说道:“那些为非作恶(不义)的人消逝了。”

库尔德斯坦传说,方舟并没有停留在亚拉腊山上,而是漂到东边高处的一个山洞里,然后滑落了大约300米左右,到了现在的地点。这与《圣经》中的方舟在“亚拉腊的群山之中”的说法完全吻合。至于扫描仪显示的金属点,正是诺亚方舟中固定横梁的大铁钉,或者是分隔动物的铁栏。

在此前后,有关诺亚方舟的报道时时见于新闻媒体,比如:1974年,土耳其卫星在亚拉腊山拍到了方舟的照片;1989年,美国人阿伦驾驶直升飞机,在亚拉腊山上空也发现了冰川覆盖的方舟;据新华社安哥拉1986年4月9日电,土耳其官方通讯社宣布,已在山顶发现方舟遗迹,方舟船头呈洋葱形等等。

很显然,同这些报道相比,法索尔德的扫描更具有权威性。

传说中的"方舟"是否真的存在?

最近,探险队在土耳其锡诺普的黑海沿岸90米水下,发现一系列长方形结构的建筑物,以及一些散乱的石材。考古学家认为,那里曾是陆地,是一场古代的大洪水淹没了它。

这似乎又为"大洪水"和"诺亚方舟"找到了佐证。

尽管如此,许多专家还是认为,就此作出"诺亚方舟已经找到"的结论,还为时过早。这主要因为:

1. 许多被探险家认为是"诺亚方舟"化石的奇特的山丘,也许只是大自然开的一个无伤大雅的玩笑,并没有得到严格的科学鉴定。

其中,有的在鉴定中已被否定,例如:1989年美国人阿伦拍下的照片,土耳其的地质学家就认为,这只是一块经过了数千年风化的顽石罢了。

2003年,"全球数据"公司公布了一幅由"快鸟"商业遥感卫星拍摄到的亚拉腊山西北山麓的高清晰度照片,其中有一块颇为引人注目的"不规则区域",很像是一片船形山体。这片"神秘物体"距探险家那巴拉找到歌斐木的地方不过几百米,这更加引起了人们强烈的好奇。美国卫星图像分析专家波尔谢·泰勒参照了美国中央情报局公布的亚拉腊山区全景照片，加拿大太空署公布的亚拉腊山雷达卫星照片等资料研究后，得出的结论是：这个物体有180多米长，也许是古老的土耳其要塞，或者是一架飞机的残骸，当然，还有可能就是“诺亚方舟”。

这种模棱两可的阐述，显然不能当做科学结论。

2. 在漫长的地质年代里，几千年不过是一瞬间的事，以歌斐木为主要材料的方舟，不可能变成化石，或者“石化”成坚硬的山体。

3. 洪水涨上亚拉腊山的事实根本不能成立。

亚拉腊山海拔5165米，如果洪水真的淹到山顶，或者淹到附近的某个较矮的山头，那么，就是把南极、北极的冰雪全部融化也不够。这样多的水从哪里来呢？

至于《圣经》所说，方舟里要装下世界上所有的动物品类，根本不值一驳。把它当做一段远古神话则可，当做事实则非。

尽管如此，方舟的探索者们仍然兴致勃勃，信心百倍。前赴后继，此起彼伏。一美国学者甚至建议：将方舟从冰川内整个地发掘出来，搬进世界上最著名的博物馆，供人们研究、参观，缅怀往古。

我们正拭目以待。

假如这一切是真的，那么，我们这些当代的你争我斗的芸芸众生，岂不都是因善良而硕果仅存的诺亚的子孙？

第九章　洪水灾害案例

1949 年 7 月西江洪水

1949 年 6 月 22 日至 30 日，西江流域不断出现大到暴雨，暴雨历时 9 天。22～23 日暴雨区主要分布在柳江，左、右江以及红水河中下游地区。23 日最大日雨量出现在融安县长安镇，为 138 毫米，隆安、都安、柳州均在 100 毫米左右。27～28 日雨区北移至柳江和桂江流域，27 日桂江灵川站日雨量为 185 毫米，28 日柳江支流洛清江永福站日雨量为 300 毫米，29～30 日雨区又南移至红水河、右江流域，以 29 日暴雨区范围最大，日雨量均超过 100 毫米。

每次雨量大于 200 毫米的暴雨区主要分布在桂江、柳江、红水河流域，暴雨中心位于柳江上游及桂江水系，其中融安、灵川、昭平均超过 500 毫米，永福站达 583 毫米。

6 月 30 日前后，西江上游红水河及支流柳江、郁江、桂江普遍发生大洪水，6 月 30 日柳江柳州站洪峰流量为每秒 2.73 万立方米，约20年一遇（相应水位为89.31米）。柳江洪水与红水河洪水汇合后的黔江武宣站洪峰流量达每秒4.56万立方米（30年一遇）；桂江昭平站洪峰流量为每秒1.07万立方米。6月23日西江干流梧州站涨水，7月5日最高水位为25.55米（珠江基面），相应流量为每秒4.89万立方米（50年一遇）。流量超过每秒4.6万立方米的持续7天，30天最大洪量达884亿立方米，仅次于1915年，为本世纪第3位大洪水。梧州站洪量80%来自黔江；南支郁江来水较小；桂江为一般洪水，只对干流梧州站涨水段影响较大，对主峰段影响甚微；北江洪水不大。珠江三角洲地区灾情比1915年要轻得多。

广西受灾30余县，灾民达230万，淹没的农田有22.7万公顷，桂平一带一片汪洋，田亩及房屋被洪水淹没。梧州市受淹半月之久，主要街道水深5～6米，全市90%以上房屋都淹没在洪水之中。柳州市临江房屋洪水平楼、平房没顶。南宁市两次受淹，小艇在市中往来穿梭。广东境内西江下游各大基围先后崩决，仅珠江三角洲地区受灾面积就达16.7万公顷，灾民达140万。

1954年长江洪水

1954年长江出现百年来罕见的流域性特大洪水。这年汛期，雨季来得早，暴雨过程频繁、持续时间长、降水强度大、笼罩面积广，长江干支流遭遇洪水，枝城以下1800千米河段最高水位全面超过历史最高记录。

这年汛期大气环流形势异常。从5月上旬至7月下旬,太平洋副热带高压脊线一直停滞在北纬20°~22°附近。7月份鄂霍次克海维持着一个阻塞高压,使江、淮流域上空成为冷暖空气长时间交绥地区,造成连续持久的降水过程。

长江中下游整个梅雨期有60多天。5~7月3个月内共有12次降水过程,其中6月中旬至7月中旬的5次暴雨,强度、范围都比较大,是全年汛期暴雨全盛阶段。

该年汛期,季风雨带提前进入长江流域。4月份鄱阳湖水系出现大雨和暴雨,赣江上游月雨量达500毫米以上。5月份雨区主要在长江以南,鄱阳湖水系和钱塘江上游雨量在500毫米以上,安徽黄山站月雨量达1037毫米,300毫米以上雨区范围约74万平方千米,相应面积总降水量约3000亿立方米。6月份主要雨区依然在长江以南,位置比5月份稍北移,鄱阳湖、洞庭湖水系雨量在500~700毫米,湖北洪湖县螺山站月雨量1047毫米,300毫米以上雨区范围约71万平方千米,总降水量3200亿立方米。

7月份雨区北移,中心在长江干流以北及淮河流域,大别山区和淮河流域雨量500~900毫米,安徽金寨县吴店月雨量达1265毫米,长江南侧除沅江、澧水流域和皖南山区雨量在500毫米以上外,一般在500毫米以下,300毫米以上雨区范围达91万平方千米,总降水量达4280亿立方米。7月为汛期各月中雨量最大的一个月。

8月份副高位置西伸北抬,脊线在北纬30°附近,长江中下游在副高控制下,梅雨期结束。之后,主要雨区在四川盆地、汉水流域,月雨量在200毫米以上，峨嵋山区达600毫米。

主汛期5~7月3个月累计雨量在1200毫米以上的高值区主要分布在洞庭湖水系、鄱阳湖水系和皖南山区、大别山区。其中黄山、大别山、九岭山区局部地区雨量达1800毫米以上，最大雨量黄山站达2824毫米。

6月初和7月初赣江等河多次发生洪水，赣江丁家渡站（外洲）最大洪峰流量分别达每秒1.29万立方米（6月4日）和每秒1.38万立方米（7月1日）；沅江桃源站分别达到每秒1.92万立方米（5月26日）、每秒1.78万立方米（6月27日）、每秒1.78万立方米（7月16日）每秒和2.3万立方米（7月31日）；湘江湘潭站也于6月初、6月中和6月底连续发生大水，其中6月30日洪峰流量达每秒1.83万立方米；接近实测最大洪水；澧水三江口站6月25日洪峰流量达每秒1.45万立方米，资水桃江站也于7月25日发生1.13万立方米每秒最大洪峰。汉江新城8月11日洪峰流量为每秒1.64万立方米，汉口以下至湖口以上区间支流最大入江流量达每秒1.36万立方米（7月13日）。

在上述情况下，汉口站6月25日超过警戒水位（26.30米），7月18日突破1931年最高水位28.28米。在下游全面高水位情况下，6月25日至9月6日上游发生4次连续洪水。宜昌先后出现4次大于每秒5万立方米的洪峰流量，8月7日最大洪峰流量达每秒6.68万立方米。其下的枝城达每秒7.19万立方米。由于7月下旬至8月上旬洪水过大，为保证荆江大堤安全，曾于7月22至27日、7月29至8月1日，8月1日至22日三次运用北闸向荆江分洪区分洪,合计分洪量达122.56亿立方米。

长江上游干流洪水经荆江分洪和四口分流后,8月7日沙市水位达到44.67米,石首最高水位为39.89米;8月8日监利最高水位36.57米,8月3日洞庭湖城陵矶最高水位34.55米。经向洪湖分洪并汇洞庭湖出流,洪峰于8月8日到达螺山,最高水位为33.17米,最大流量为每秒7.88万立方米。当洪峰传到汉口时,汉江于11日出现最大洪峰每秒1.64万立方米(新城)。受其影响汉口站于14日出现最大流量每秒7.61万立方米,18日水位达到最高29.73米。鄱阳湖水系洪峰来得早,一般出现在7月中旬,7月16日鄱阳湖湖口水位为21.68米。受鄱阳湖出流影响,下游安庆、大通等站最大洪峰比汉口提前约半个月。8月1日大通站最高水位为16.64米,相应最大流量为每秒9.26万立方米。

1954年长江流域主要支流资水、沅江、澧水洪水比较大,重现期约为15年一遇;干流宜昌洪峰流量的重现期为15~20年一遇。以年最大30天洪量为分析指标,则1954年洪水在宜昌站洪量为1390亿立方米,约为80年一遇,城陵矶站约为180年一遇,汉口(洪量为1730亿立方米)、湖口站约为200年一遇。

该年堤防、圩垸溃决,扒口共分洪1023亿立方米,淹没耕地约166.7万公顷,受灾人口达1800余万,京广铁路100天不能正常运行。灾后疾病流行,仅洞庭湖区死亡3万余人。

1968 年淮河大水

1968 年 7 月 10 到 21 日，受高空涡切变影响，淮河上游连续出现暴雨。暴雨区集中在淮河上游干流及淮南山区，息县以上最大 7 天降水量超过 500 毫米的笼罩面积为 7070 平方千米，暴雨中心信阳尚河站日雨量为 377 毫米，7 天累计雨量为 799 毫米。王家坝以上淮河干流以南总雨量大于 400 毫米；淮北地区雨量较小，在 200 毫米以下。

这次降水，历时较长，雨区自西向东移动，使淮河上游干、支流洪水遭遇。12 日淮河干流上游涨水，15 日息县洪峰流量为每秒 1.5 万立方米。16 日淮滨站洪峰流量为每秒 1.66 万立方米，王家坝洪峰流量为每秒 1.76 万立方米（最高水位 30.35 米），均相当于 50 年一遇。淮河干流王家坝以上各站洪峰水位普遍超保证水位 1.5 米以上，河南省境内淮河干支流普遍发生破堤决口，淮滨县城进水。中游润河集至正阳关一线已与保证水位持平。王家坝以下 11 个行洪区，3 个蓄洪区（除瓦埠湖外）从 15 日至 23 日均纷纷启用，或决口进洪。蒙洼、城西湖蓄洪区大堤决口失控，沦为滞洪区。沿淮各行蓄洪区和决口堤圈共滞蓄洪水 87.8 亿立方米，占正阳关（鲁台子）次洪量 136.4 亿立方米的 66.4%，使正阳关水位始终控制在保证水位 26.50 米以内（正阳关洪峰流量为每秒 8940 立方米），保障了淮北大堤和淮南、蚌埠两市的安全。

这场洪水导致农田受淹50.7万公顷，受灾人口达365.23万，死亡480人，房屋倒塌76.07万间，冲垮堤防845千米。

1968年海河大水

1968年8月上旬，海河流域南部地区发生了一场历史上罕见特大暴雨。处于暴雨中心的河北省内邱县獐么村7天降水量达2050毫米，这是我国大陆7天累计雨量最大记录。这场暴雨强度大、范围广、持续时间长，海河南系大清、子牙、南运等河都暴发特大洪水，北系洪水不大。

本流域大暴雨的形成，常受台风影响，但该年大暴雨情况不同，主要是受连续北上的西南涡天气系统的影响。这场大暴雨从8月2日开始至8日结束。雨区主要分布在漳卫、子牙、大清河流域的太行山迎风山麓，呈南北向分布。7天累计雨量超过100毫米笼罩面积达15.3万平方千米，相应总降水量约为600亿立方米，其中90%以上的雨区在南系三条河流12.7万平方千米的流域之内，因此，这造成流域汇流异常集中。暴雨中心所在的地面高程为200~500米，均在山区水库坝址以下，水库对洪水拦蓄调节作用有限。由于雨区自南逐渐向北移动，滏阳河和大清河两个暴雨中心出现的时间差，增加了两河洪水遭遇机会。

8月2日暴雨区主要在淮河上游及海河流域南部，日降水量一般在100毫米以下。3日雨区北移，主要分布在太行山迎风区，暴雨中心在邯郸附近，降雨量达466毫米。4日，雨区继续北移，暴雨强度和范围显著增大，基本上笼罩了海河南系，獐么站日降水量达865毫米，日降水量超过200毫米的面积达11.2万平方千米。5日暴雨区范围少动，但暴雨中心继续北移，黄北坪站日降水达500毫米。6日，雨区略向北扩展，暴雨强度减弱，暴雨中心较分散，大于200毫米的中心多达11个，以正定290毫米为最大。7日雨区又向北扩展，大于50毫米的暴雨区面积达8.08万平方千米，暴雨强度再度增大，为本次暴雨过程的第2个高潮，暴雨中心大清河司仓站日降雨704毫米，日降水总量达122亿立方米，为本次日暴雨总量的最大值。8日，暴雨强度减弱，雨区略向东移和向北扩展，东西向跨度变窄，暴雨中心的北京来广营日降水429毫米，滏阳河、大清河降水面积显著减小，暴雨进入衰退阶段。

本年6、7月份降雨较常年同期偏小，河道、水库水位都较低。受8月初降水影响，漳卫河首先涨水，各支流分别于3、6、8日出现3次洪峰，以8日最大。卫河在多处决口的情况下，北善村水文站洪峰流量为每秒1580立方米；据推算漳河岳城水库入库洪峰流量为每秒7040立方米，经水库调蓄下泄最大流量为每秒3500立方米，漳河南堤扒口分洪，洪水侵入黑龙港。滏阳河于4日及6日两次出现洪峰，大清河于8日前后出现洪峰。10日以后各河开始回落，15～20日大部落平。由于各河下游决口、扒口，广大平原、平地行洪，尽成泽国，至9月份水位才缓慢回落。

主要河系洪峰流量大致如下：漳卫河称钩湾每秒3240立方米（8月10日），子牙河献县每秒2770立方米（8月13日），其支流洛河临洛关每秒1.23万立方米(8月6日)、冶河平山每秒8900立方米(8月5日);大清河支流潴龙河北郭村每秒5380立方米(8月8日)、拒马河张坊每秒9920立方米(8月8日)、白沟河白沟每秒3540立方米(8月9日)、白洋淀十方院最高水位11.58米,蓄水41.72亿立方米(8月14日)。据海委分析,8月7日子牙—大清河系京广铁路以西的集水面积5.67万平方千米上的洪峰流量为每秒4.32万立方米。

本年海河南系洪水总量为270.16亿立方米,其中子牙河占50%,大清河占30%,漳卫河占20%。子牙河中以滏阳河洪水最为突出,洪水总量占29.3%;大清河以南支为大,占22.2%;漳卫河以卫河为大,占11%。1963年8、9两月来水总量为332.6亿立方米,其中8月份为301.29亿立方米,水库及洼淀至9月末拦蓄水量为84.30亿立方米,入海水量为221.58亿立方米,损失量为26.72亿立方米。

海河流域受灾农田达486万公顷,其中河北淹没农田357.3万公顷,受灾人口有2200余万,房屋倒塌1265万间,约有1000万人失去住所,5030人死亡。5座中型水库、330座小型水库被冲垮,堤防决口2396处,滏阳河全长350千米全线漫溢,溃不成堤。京广铁路27天不能通车,6700千米公路被淹没。

1975年8月淮河上游洪水

1975年8月4~8日，受3号台风影响，河南省西南部山区的驻马店、许昌、南阳等地区发生了我国大陆上罕见的特大暴雨，造成淮河上游洪汝河、沙颍河以及长江流域唐白河水系特大洪水，导致板桥、石漫滩两座大型水库垮坝，下游7个县遭到毁灭性灾害。

8月以前本地区干旱少雨。8月4~8日连续发生大暴雨，暴雨中心林庄5天累计雨量1631毫米。大暴雨主要集中在5~7日3天，有3次暴雨过程：

5日14时~6日2时，历时12小时，主要雨区在洪汝河上游、澧河、干江河一带，暴雨中心的下陈、肖店雨量分别为471毫米和549毫米。

6日14时~7日16时，历时26小时，主要雨区在京广铁路以东洪汝河下游平原地区，暴雨中心上蔡雨量759毫米。

7日12时~8日8时，历时20小时，雨区主要在薄山、板桥水库上游一带，暴雨中心林庄6小时雨量830毫米，次降水量972毫米，郭林930毫米。

前后5天雨量200毫米以上雨区范围为4.38万平方千米，相应总降水量201亿立方米。

林庄3天雨量1605毫米，24小时雨量1060毫米，6小时雨量830毫米，4小时雨量642毫米，强度之大，均超过了我国大陆上历次实测暴雨的记录,其中 6 小时雨量已达世界最大记录。

位于暴雨中心的上游一些支流,洪水量级大。汝河板桥水库(集水面积 768 平方千米)经推算最大入库流量达每秒 1.3 万立方米,为 600 年一遇;洪汝河滚河石漫滩水库推算的入库洪峰流量为每秒 6280 立方米,约 200 年一遇,洪水量级之大已达到相同流域面积世界最大记录。洪水位超过板桥、石漫滩防浪堤顶 0.3 米、0.35 米,两库在 8 日凌晨失事,据推算垮坝流量分别为每秒 7.81 万立方米和每秒 3.05 万立方米。

洪汝河 8 月 5 日—9 月 12 日,由班台下泄总水量达 55.13 亿立方米,沙颍河自 8 月 5 日—9 月 4 日通过阜阳下泄总水量达 56.85 亿立方米,这次暴雨在淮河干流鲁台子以上产生洪水总量为 129 亿立方米。

这场暴雨造成如此严重的灾难,除暴雨强度特别大之外,暴雨中心落区正好处在两座大型水库的上游,遭遇如此之大的暴雨洪水,是无法抗御的,造成了下游极其严重的灾难。洪汝河、沙颍河堤防决口 2180 处,漫决总长 810 千米,洪水相互窜流,中下游平原最大积水面积 1.2 万平方千米。河南省 29 个县市,1100 万人口,113.3 万公顷耕地遭受严重水灾,倒塌房屋 560 万间,淹死 2.6 万人,京广铁路冲毁 102 千米,中断行车 18 天,影响运输 48 天。遂平、西平、汝南、平舆、新蔡、漯河、临颍等城关进水,平地水深 2 ~ 4 米,直至 8 月底 9 月初才全部退至淮河干流。

1983 年汉江洪水

1983 年 7 月 27 ~ 31 日，嘉陵江中上游、汉江上游出现了一次降水过程，暴雨中心位于大巴山南侧嘉陵江、渠江上游，雍河、槐树两站次降水量分别为 603 毫米和 561 毫米。大巴山北侧汉江上游，位于暴雨区边缘，红寺坝 5 天最大降雨量为 344 毫米，安康以上流域平均雨量约 150 毫米，雨量和强度都不算大，但是暴雨区自西向东扩展、东移，造成干支流洪水遭遇。

7 月 31 日 2 时安康河段洪水开始起涨，8 月 1 日 1 时 30 分最高水位为 259. 30 米，超过城墙 1 ~ 2 米，洪峰流量为每秒 3. 1 万立方米，洪水过程尖瘦，十数小时后消退归槽，为 1983 年以来的第 3 大洪水。安康上游的石泉水库入库最大流量为每秒 1. 61 万立方米，约为 20 年一遇。下游郑县油房沟站洪峰流量为每秒 2. 91 万立方米，为一般洪水。安康特大洪水的形式是由于暴雨过程中雨区缓慢东移，移动速度与流域汇流时间配合密切，造成干流石泉洪水与支流岚河、任河洪峰在安康河段遭遇，干支流洪峰迭加。该次洪水来势迅猛异常，且发生在子夜，令人猝不及防，安康全城遭“灭顶之灾”，淹死 870 余人，受灾 8. 96 万人，9 万多间平房冲坍殆尽。

10 月 3 ~ 6 日，汉江流域再次出现 4 天大暴雨，丹江口以上流域日平均降雨量为 128 毫米，雨区自上游向下游移动，暴雨区主要在汉江北侧旬河、丹江和唐白河地区。3 日唐白河上游马山口站日雨量为168毫米,5日雨区南移至汉江干流以南武当山区,日雨量为102毫米,6日雨区南移出汉江。这场暴雨引起的洪水主要在安康以下干流,白河站6日11时洪峰流量为每秒2.08万立方米,丹江口水库最大入库流量为每秒3.42万立方米,7日19时坝前最高水位达160.07米,为建库以来最高水位,7日11时最大下泄流量为每秒2万立方米,丹皇区间7日14时洪峰流量为每秒9000立方米,与丹江下泄洪水相遇,致使汉江干流控制站皇庄8日10时洪峰流量为每秒2.61万立方米,沙洋站为每秒2.16万立方米,而安全流量仅为每秒1.9万立方米,以致7日和8日沙洋上游的邓家湖和小江湖两民垸扒口分洪,并动用杜家台分洪工程开闸分洪,从而解除了洪水对汉江中下游沿江10多个县市包括武汉市在内的威胁。

10月洪水造成邓家湖及小江湖民垸1.1万公顷耕地被淹,受灾人口为8.9万人,沙洋镇被淹。

2011年"6.17"特大洪水纪实

2011年6月17日,尼日河流域发生了50年一遇的特大洪水。本次洪水是岩润水文站建站以来的最大洪水。岩润水文站全体职工面对特殊水情有条不紊,不怕疲劳,日以继夜地抢测洪水过程,收集宝贵的高洪资料。以下内容根据当事人的口述整理而成。

"16日20时~17日8时是我的班。根据天气预报,甘洛县以及越西县于16日20时以后将有中到大雨,我知道这晚后半夜将要涨水，于是观测水位特别频繁。17 日 0:29 时，水位起涨（水位 14.29 米），至 3:03 时水位陡涨至 16.41 米。

“这段时间水位自记正常，我按部就班，于 0:29 时打起涨沙，记录起涨水位时间；3:03 时打涨坡上的沙。由于水位变化过快，我一直守在看水位和自记。3:03 以后水位自记故障，我马上改用人工观测。3:12 时水位涨至 17.50 米。我见势不妙，当机立断叫醒站长（王昌亮）后，继续驻守水边观测水位。3:18 时水位涨至 19.00 米，站长马上电话通知防办、地方政府以及预报科，并叫起零工（赵翠兰）一家。根据测洪方案以及汛前的测洪演练做好准备工作，随时抢测洪水过程。至此，我们与“6.17”特大洪水之间的战斗正式打响。

“按照测洪方案，水位 19 米以上已经超出流速仪使用范围，而在夜间浮标法也不实用。站长选择中泓天然浮标法，同时观测比降的测流方案。

“我负责上比降断面，零工负责基本水尺断面，站长负责下比降。4:06 时测得一份中泓天然浮标，前后观测了两次比降。此后，水位突然陡涨，蹭上河堤。由于下比降处地形狭窄，其下方约 3 米处河堤上有面墙，水上河堤后雍高，人已无法立足，水位也已失真。站长果断放弃下比降观测并迅速安全撤离。

“此后洪水上河堤后继续上涨，将大家逼退 10 多米，波浪有两米多高，加之处在夜间，此时已无法看清河中漂浮物，只能继续保证基本水尺和上比降水尺水位观测。

“由于水位变化太快，为了更好掌握洪水的水位变化过程和转折点，大家一直驻守水尺旁，平均12分钟观测一次水位。5时水位涨至本次洪水最高水位20.30米，超警戒水位2.30米。6时后已能看清河中情况，我们抓紧时间抢测退坡。6:18、6:21时共测得两份中泓天然浮标。

“然后，因人手不足，我们找到当地居民丢浮标及看下比降，在7:12~7:18时、7:48~7:57时、9:00~10:09时、9:54~10:06时共测得四份浮标法测流。此后，水位退至已能满足流速仪测流的条件，我们在各个水位级抓紧测流，高水测得四份流速仪测流。在此期间，我们做到准确及时地通过电话向防汛及政府部门汇报水情，按规范完成水情报送，取单沙6次，颗分2次。因为这次洪水涨坡太陡，漂浮物铺天盖地且在夜间不好选定和辨别，所以在涨坡测次不足，峰顶无法施测，高水0.31米没有测流，但退坡测验完整，高水0.31米占全年水位变幅的5%，满足外延条件。至此，大家都已经浑身泥泞、身心疲惫，但仍面对这样的特殊水情大家强打精神，继续保持警惕，坚守岗位。

“得知尼日河发生特大洪水后，西昌局机关立马派出领导、专家支援。一路上因受灾害导致路况很差的影响，他们在17日14时到达岩润水文站。首先，我站将资料交予潘局和张文武专家分析，算出各份流量后点在水位流量图上，经验外延得出洪峰流量为2000m^3/s，确定本次洪水量级为特大洪水，属50年一遇洪水。然后，马上向各相关部门报送洪水特征值。最后，站长收集了尼日河流域上八个雨量站和相邻流域雨量站的雨情后，通过潘局和张专家对降水、流域产汇流特征、下垫面情况等因素分析出了这次洪水的形成始末。

“尼日河流域上游各雨量站在16日20时~17日0时普遍降水量在60毫米以上，与美姑河流域相邻的分水岭上也是降水60毫米以上，这从而导致甘洛河、越西河、普雄河发生大洪水，并巧合地同时汇流。这从而导致本次洪水形式。设备科谢志富和勘测科张专家对洪水过后地貌、断面、水尺、洪痕等进行检查和收集相关资料，亲自测份流。完成这些以后，已是万家灯火，水位也已经退下去，但为确保下游政府抢险工作安全运行，我们依然继续坚守岗位，每过一个小时向防办报一次水位流量，如出现水位高涨，实时向防办汇报。

“当18日的第一缕阳光刚挥洒而下时，潘局长他们已经来到站上开展一天的工作。在张专家的指导和参与下，我们完成了水道断面、大断面高程、洪痕的测量。

“张文武专家在业务方面对我细心教导，使我受益匪浅。设备科谢志富对我们仪器设备进行检查和修整，并耐心为我讲解各种仪器的使用维护。

“然后，我们用新测断面测了份流，并对之前流量进行改算分析。在潘局的整理下，得出了“6.17”特大洪水成因、特征值、测验分析、受灾情况等的结论。

“在特殊水情测流方案上，潘局对我们进行了点评，并提出许多宝贵意见。此外，潘局和张专家还对我们接下来的工作进行了周密的安排，要我们抓紧进行资料整理分析、洪水后的整站、完善必要的测验项目。

“在30多小时的奋战中，岩润站全体职工渴了喝口水，困了稍稍打个盹，累了就地歇一歇，衣服湿了一身又一身，大家团结协作、严正以待，在西昌水文局机关的协作下，基本完成了这次特大洪水的测验、资料分析工作。至19日0时，我站向甘洛县防指通报汛情50余次，答复各部门雨水情况咨询信息30余次，为政府各有关部门、下游重要防洪保护对象提供了及时可靠的信息。”